빈이 들려주는 기후 이야기

빈이 들려주는 기후 이야기

초 판 1쇄 발행일 | 2006년 1월 24일
개정판 1쇄 발행일 | 2010년 9월 1일
개정판 12쇄 발행일 | 2021년 5월 31일

지은이 | 송은영
펴낸이 | 정은영
펴낸곳 | (주)자음과모음

출판등록 | 2001년 11월 28일 제2001-000259호
주 소 | 04047 서울시 마포구 양화로6길 49
전 화 | 편집부 (02)324-2347, 경영지원부 (02)325-6047
팩 스 | 편집부 (02)324-2348, 경영지원부 (02)2648-1311
e-mail | jamoteen@jamobook.com

ISBN 978-89-544-2080-8 (44400)

빈이 들려주는

기후 이야기

| 송은영 지음 |

(주)자음과모음

빈을 꿈꾸는 청소년을 위한 '기후' 이야기

이 책에서는 인간 생활과 밀접한 관련이 있는 기후에 대해 연구하여 노벨 물리학상을 받은 빈과 함께 이야기해 봅니다.

첫 번째 수업에서는 사계절이 어떻게 생기고, 절기는 무엇인지를 설명해 놓았습니다. 두 번째 수업에서는 기후란 무엇이고 기후 요소와 기후 인자에는 어떤 것이 있는지 이야기했으며, 세 번째 수업에서는 기단과 전선이란 무엇이며 한국의 계절에 영향을 끼치는 기단과 계절적 특성에 대해 다루었습니다. 네 번째 수업에서는 일기와 대기권에 대해 소개해 놓았고, 다섯 번째 수업에서는 지구상에 나타나는 여러 가지 기후, 즉 열대, 건조, 온대, 냉대, 한대 기후와 각 기후별 특성을 알아보았습니다. 여섯 번째 수업에서는 세계인의 관심 대상인 남극과 북극에 대해 알아보았습니다. 일곱 번째 수업에서는 기후가 인간 생활에 미치는 영향을 소개하였고, 여덟 번째 수업에서는 기후를 변하게 하는 자연적인 요인들에는 어떤 것이 있는지 알아보았습니다. 아홉 번째 수업에서는 지구의 기후가 변하게 되는 인위적인 요인을 이야기했습니다. 마지막 수업에서는 지구 온난화의 피해와 그것을 막을 수 있는 방법에 대해 소개했습니다.

이 책으로 인해 여러분이 기후에 대한 지식과 우리가 살고 있는 소중한 지구에 대한 사랑을 다시 느끼게 된다면, 저에겐 최고의 기쁨일 것입니다.

이 책을 쓰는 데에 큰 도움을 준 박경미 님에게 감사의 마음을 전합니다.

또한, 늘 빛진 마음이 들도록 한결같이 지켜봐 주시는 여러분과 이 책이 나오는 소중한 기쁨을 함께 나누고 싶습니다. 책을 예쁘게 만들어 준 (주)자음과모음 식구들에게 감사합니다.

송 은 영

차례

부록

첫 번째 수업

1

사계절의 생김과 절기

한국에 사계절이 생기는 이유는 무엇일까요?
지구와 태양과 계절의 관계에 대해 알아봅시다.

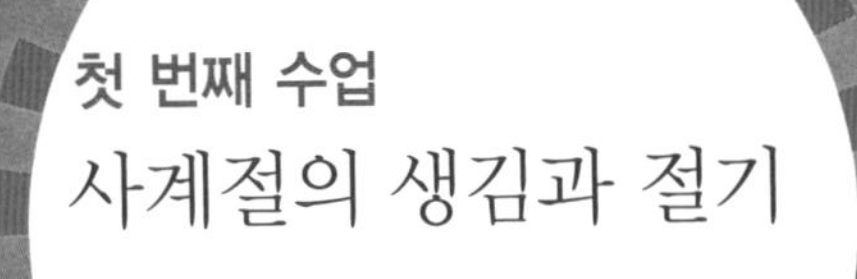

첫 번째 수업

사계절의 생김과 절기

교과 연계

초등 과학 6-2	4. 계절의 변화
중등 과학 3	4. 물의 순환과 날씨 변화
고등 지학 II	2. 대기의 운동과 순환

빈이 밝은 표정으로
자신을 소개하며
첫 번째 수업을 시작했다.

빈이라는 내 이름이 다소 생소하지요. 나는 빈의 법칙을 발견한 공로를 인정받아서 1911년 노벨 물리학상을 수상한 독일의 물리학자입니다. 빈의 법칙이란 온도와 파장 사이의 관계를 밝힌 법칙입니다. 이것을 이용하면, 태양과 별의 온도를 온도계를 사용하지 않고도 거뜬히 추정해 낼 수가 있답니다. 태양이나 별에서 나오는 빛의 파장을 측정해서 온도를 알아내는 방식이지요.

계절이란 규칙적으로 되풀이되는 자연 현상에 따라 1년을 구분한 것입니다. 일반적으로 온대 지방은 기온의 차이를 기

준으로 하여 봄, 여름, 가을, 겨울의 사계절로 나누고, 열대 지방에서는 강우량을 기준으로 하여 건기와 우기로 나눕니다. 천문학적으로는 춘분, 하지, 추분, 동지로 나눕니다.

그러니까 온대 지방인 한국의 계절은 봄, 여름, 가을, 겨울로 나뉘지요. 이것을 가리켜서 우리는 사계절이라고 부릅니다. 계절을 이렇게 넷으로 나누는 기준은 기온입니다. 봄은 따뜻하고, 여름은 무덥고, 가을은 선선하고, 겨울은 춥지요. 그렇다면 왜 이렇게 계절마다 기온이 다른 걸까요? 여기에는 여러 원인이 복합적으로 작용하고 있습니다.

우선, 사계절은 태양이 있기에 생긴답니다. 태양이 없다면 사계절이고 뭐고 생각할 게 없지요. 만일 태양이 없다면 영하 수백 ℃의 차디찬 동토의 세상만이 줄곧 이어질 것입니다.

태양은 지구에게는 없어서는 안 될 존재입니다. 태양으로부터 막대한 열을 쉼 없이 받고 있으니까요. 태양이 쉼 없이 내뿜는 태양 에너지 중에서 지구가 받는 양은 고작 20억 분의 1에 불과합니다. 그러나 지구는 그만큼의 양으로도 충분합니다. 그 정도의 태양 에너지로도 식물이 광합성을 하고, 동물이 성장하고, 대류 현상이 발생하는 데 조금도 어려움이 없거든요.

태양과 태양 상수

지구가 받는 태양 에너지는 지구의 대기권 밖에서 받는 양

과 지표에서 받는 양이 다릅니다. 대기권 밖에서 $1cm^2$의 면적이 1분 동안에 받는 태양 에너지의 열량은 2cal이지만, 지표가 받는 태양 에너지의 열량은 0.5cal뿐입니다. 지표가 받는 에너지의 양이 대기권 밖의 $\frac{1}{4}$밖에 안 되는 것은 에너지를 가진 햇살이 대기층을 뚫고 들어오면서 공기 입자들과 부딪치거나 대기에 흡수되기 때문입니다.

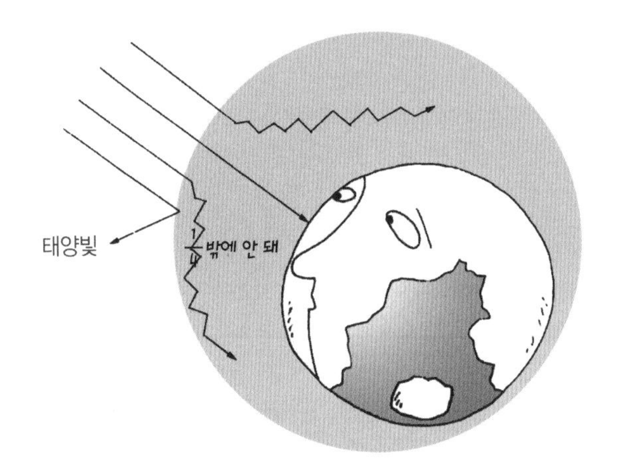

이때 대기권에 흡수되기 전 대기권 밖에서 받는 태양 에너지의 열량을 가리켜서 태양 상수라고 부른답니다. 태양 상수는 지구 에너지를 설명하고 태양의 실체를 파악하는 데 없어서는 안 될 중요한 수치입니다.

태양 상수(1분 동안 $1cm^2$에 내리쬐는 태양 에너지) = 2cal

그런데 이 태양 에너지가 대기를 통과하여 지표에 도달하는 과정에서 그 양의 20% 정도를 대기가 흡수하게 되고 50%를 지표가 흡수하게 되죠. 나머지는 반사되어 버립니다.

지구가 전체적으로 복사 평형을 이루는 까닭

복사 평형이란, 복사 에너지의 들어오는 양과 나가는 양이 같아서 서로 균형을 이루는 상태입니다. 지구는 이런 복사 평형의 상태를 유지하고 있는데, 이것이 어떻게 가능한지 알

아보도록 하죠.

지구는 둥글기 때문에 적도 지방은 덥고 극지방은 춥습니다. 그러나 다행히도 지구에는 공기와 물이 있습니다. 이들은 적도 지방의 남은 열을 바람이나 해류로 끊임없이 극지방으로 옮겨 두 지역의 온도가 지나치게 차이나지 않도록 도와줍니다. 거꾸로 이야기하자면 남는 열과 부족한 열이 있기 때문에 바람이 불고 바닷물이 흐르는 것이지요.

지구의 온도 차이가 크게 나지 않는 것은 지구의 자전과 공전 그리고 지구의 자전축이 기울어져 있다는 것 때문이기도 합니다. 쉬운 예를 들어 보면 추운 겨울에 뜨거운 난로 곁에 있으면 앞쪽은 너무 뜨겁고 뒤쪽은 너무 춥다는 것을 느낄 것입니다. 만약 골고루 난로를 쬐고 싶다면 난로 곁에서 대략 1분에 한 번씩 앞뒤로 방향을 바꾸면 대체로 앞뒤 모두가 골고루 따뜻해집니다.

지구의 자전이나 공전도 이와 같은 원리입니다. 태양 주위를 돌면서 앞이 너무 뜨거워지면 뒤로 가서 식히고, 뒤가 너무 식은 것 같으면 앞으로 와서 따뜻하게 데우는 거지요. 그러다 보면 지구 전체가 골고루 따뜻하게 데워집니다.

이제 계절이 왜 생기는지에 대해 생각해 봅시다.

계절이 생기는 이유는 무엇일까요?

계절이 생기는 첫 번째 이유는 지구의 모양에 있습니다. 지구는 모두 알다시피 둥근 모양입니다. 그리고 땅은 고르지 않고 울퉁불퉁하죠. 산도 있고 들판도 있다는 걸 생각하면 좀 더 쉬울 거예요. 그러다 보니 각 지역마다 받는 태양 에너지의 양은 절대로 똑같을 수 없답니다.

쉬운 이해를 위해 간단한 실험을 해 볼까요?

우선 마분지 2장을 준비해 주세요. 1장은 평평한 상태로 놔두고 나머지 1장은 둥글게 말아 주세요. 그리고 두 종이에 빛을 쪼여 보세요. 두 마분지 사이에는 어떤 차이점이 있을까요?

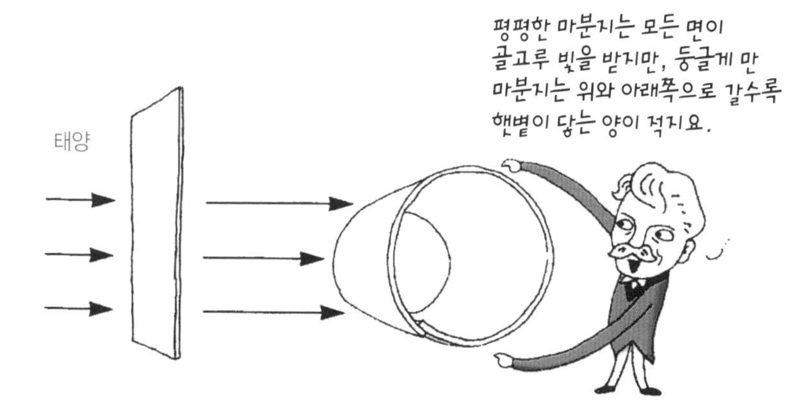

평평한 마분지는 모든 면에 골고루 빛을 받았지만 둥글게 만 마분지는 그럴 수 없을 것입니다. 둥글게 툭 튀어나와 있는 가운데는 빛을 많이 받지만 위쪽이나 아래쪽은 상대적으로 빛을 덜 받을 수밖에 없지요.

지구는 둥그스름한 원 모양을 하고 있습니다. 우리는 지구의 절반을 가로로 나누는 선을 적도라고 부릅니다. 이 적도를 기준으로 가장 높은 곳부터 순서대로 고위도, 중위도, 저위도라고 부르지요.

태양의 고도가 1년을 주기로 변화하긴 하지만 적도 부근의 북위 23.5°에서 남위 23.5°까지는 일반적으로는 빛이 통과할 때 대기의 거리가 가장 짧은 지역입니다. 내가 아까 태양 에너지가 대기를 통과하여 지표에 도달하는 과정에서, 대기가 어느 정도 그 에너지를 흡수한다고 했다는 것을 기억할 겁니다. 도달하는 길이가 짧으면 지표에 에너지가 흡수되는 양도 상대적으로 많습니다. 따라서 극지방처럼 빛이 들어올 때 통과하는 대기가 긴 지역은 적도 지방과 달리 지표에서 받는 태양 에너지도 적을 수밖에 없습니다. 그래서 고위도 지방으로 갈수록 햇빛이 닿는 양이 적습니다.

다음 그림을 보면 둥근 지구로 햇빛이 비치면 가운데 둥근 부분에는 빛이 빨리 닿고 지구의 맨 위와 아래는 가운데보다

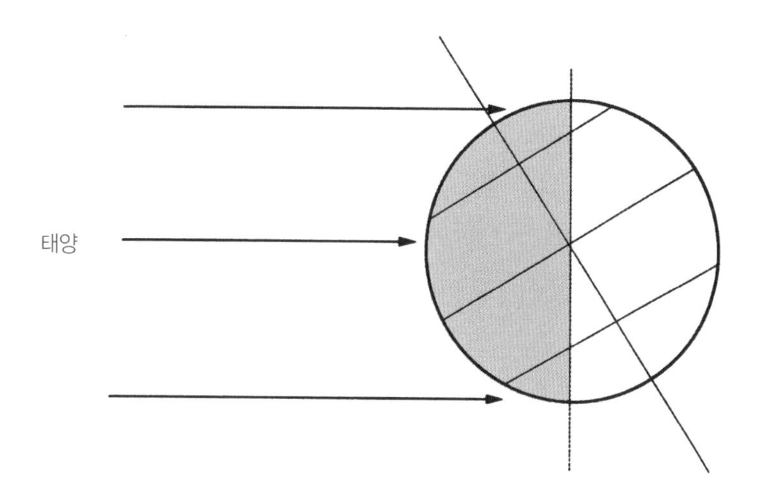

빛이 닿는 거리가 더 멀지요. 지구는 이처럼 저위도, 중위도, 고위도가 받는 태양 에너지의 양은 큰 차이가 난답니다. 그래서 저위도는 에너지 과잉이 나타나서 덥고, 고위도는 반대로 에너지 부족 현상이 나타나서 추운 것입니다.

사계절이 생기는 또 다른 이유는 자전과 공전입니다.

지구는 2가지 회전을 동시에 하고 있습니다. 하나는 하루에 1바퀴씩 스스로 도는 회전이고, 다른 하나는 1년에 1바퀴씩 태양의 둘레를 도는 회전입니다. 앞의 회전을 지구의 자전, 뒤의 회전을 지구의 공전이라고 하지요.

회전 운동을 하는 물체는 회전축을 갖고 있습니다. 팽이를 생각해 보세요. 굵직한 쇠못 같은 것이 팽이 중심 부근을 관통

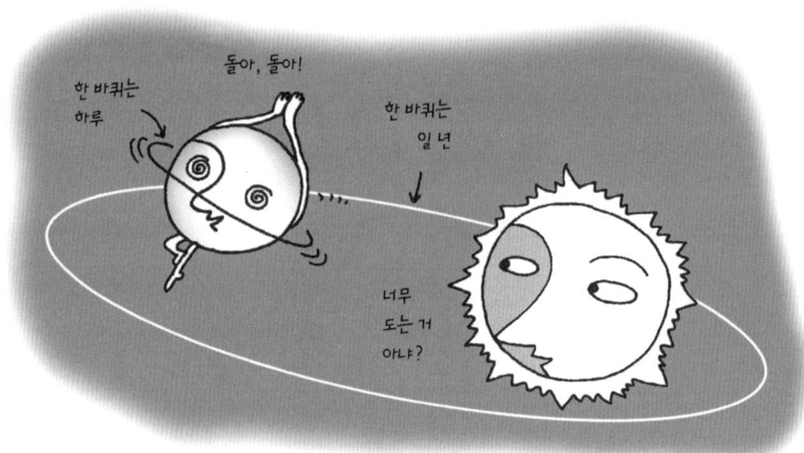

하고 있지요. 이것을 축으로 팽이가 빙글빙글 회전하잖아요.

지구의 자전도 마찬가지입니다. 팽이처럼 굵은 못이 지구의 중심을 뚫고 지나가고 있는 것은 아니지만, 북극과 남극을 수직으로 통과하는 우리 눈에 보이지 않는 축이 있답니다.

이것을 지구의 자전축이라고 하지요. 지구는 이 축을 중심으로 팽이처럼 빙글빙글 돌고 있습니다.

지구는 스스로의 몸을 돌리면서 태양을 중심으로 도는 운동도 함께 하고 있지요. 그러니까 지구 공전의 중심축은 태양의 중심이 되는 셈입니다.

그런데 태양을 공전하는 지구의 자전축

은 공전 궤도면과 수직으로 돌고 있지는 않습니다. 지구는 약 23.5° 기울어진 채로 회전하고 있기 때문입니다. 공전 궤도면과는 66.5° 기울어져서 공전하지요. 바로 여기에서 사계절이 만들어지는 결정적인 요인이 발생한답니다.

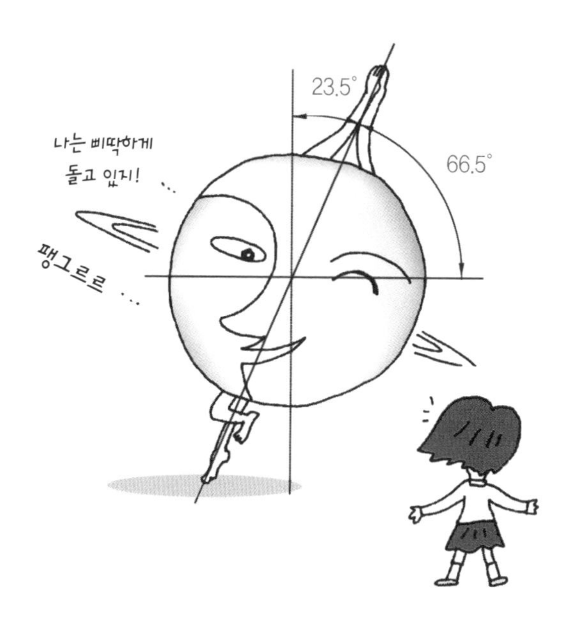

바람이 불고 있다고 생각해 보아요. 바람이 부는 쪽으로 방향을 틀면 바람이 더 많이 얼굴에 와 닿지요. 반면 뒤로 누우면 어떻게 되겠어요? 그래요. 얼굴에 와 닿는 바람이 다소 감소하지요. 북반구 중위도에 위치한 한국도 이와 비슷한 상황을 맞이하게 된답니다.

지구는 자전축이 기운 상태로 다음과 같은 모습으로 태양 둘레를 공전합니다.

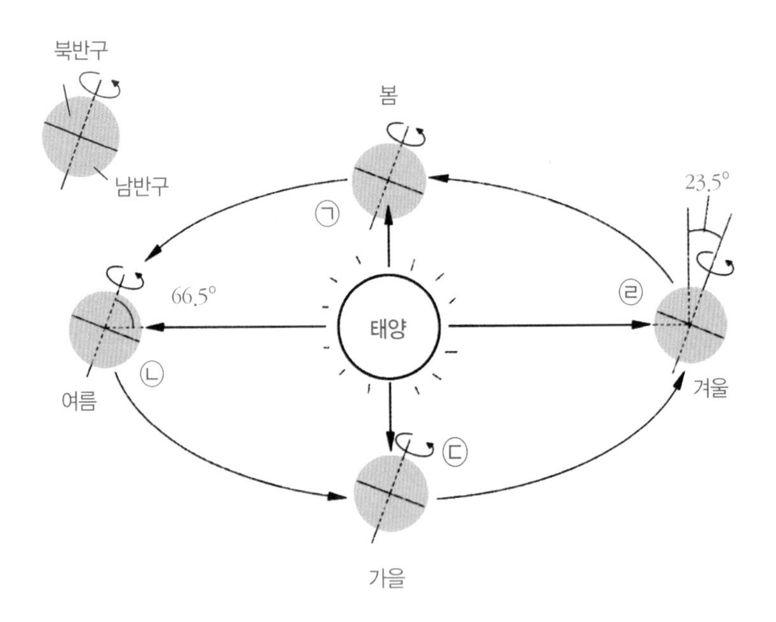

이 중 ㉡은 지구가 태양 쪽으로 기울어 있는 상태이지요. 북반구에 위치해 있는 한반도는 많은 양의 태양광을 받게 될 것입니다. 한반도가 여름이 될 때이지요. 반면 ㉣은 지구가 뒤로 누운 상태이지요. 한반도에 태양광이 가장 적게 들어오는 계절입니다. 한반도에 겨울이 찾아오는 시기이지요. 지구는 서에서 동으로 움직이니 ㉠은 봄, ㉢은 가을이 될 것입니다.

그림에서 알 수 있듯이, 남반구는 북반구와는 상황이 반대가 되지요. 한반도가 태양 쪽으로 기운 ㉡상태가 남반구는 뒤로 누운 상태가 되지요. 이것이 북반구가 여름일 때 남반구는 겨울인 이유입니다. 그리고 한반도가 누운 ㉣ 상태가 남반구는 태양 쪽으로 숙인 상태가 되지요. 즉 북반구가 겨울일 때 남반구에 여름이 찾아오는 것입니다.

지구의 자전축이 23.5° 기울어져 있어서 북회귀선과 남회귀선이 생긴답니다. 지구가 이렇게 기울어져 있지 않다면, 태양은 늘 적도 지방만을 수직으로 내리쬘 겁니다. 그러나 지구가 기운 상태로 공전을 하는 까닭에, 적도 이외의 지역도 태양이 수직으로 내리쬐는 곳이 생기게 된답니다.

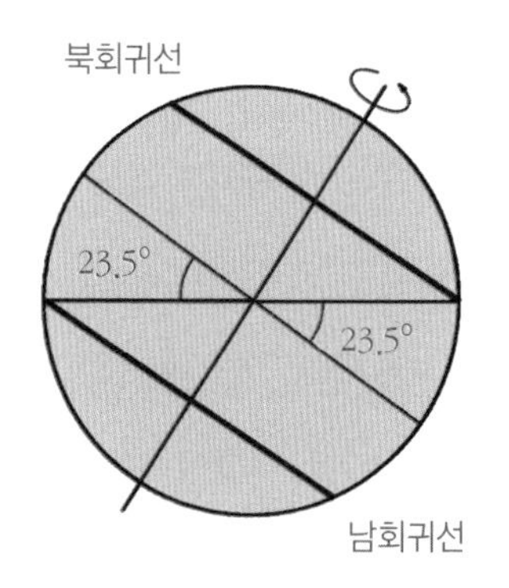

춘분 즈음이 되면, 태양은 적도 상공에 수직으로 떠오르지요. 그러다가 차츰차츰 북쪽으로 오르다가 하지가 되면 북위 23.5°에 이르러서 수직으로 비춥니다. 이곳이 북회귀선입니다. 하지가 지나면 태양은 다시 아래로 내려가기 시작하여 추분 즈음에 적도에 수직으로 햇빛을 비추지요. 그리고 다시

남하하여 동지 때에는 남위 23.5°에 도착해서 수직으로 태양 광선을 비추지요. 이곳이 남회귀선입니다.

동지가 지나면 태양은 다시 앞과 동일한 과정으로, 적도–북회귀선–적도–남회귀선을 왕복하는 운동을 하게 된답니다.

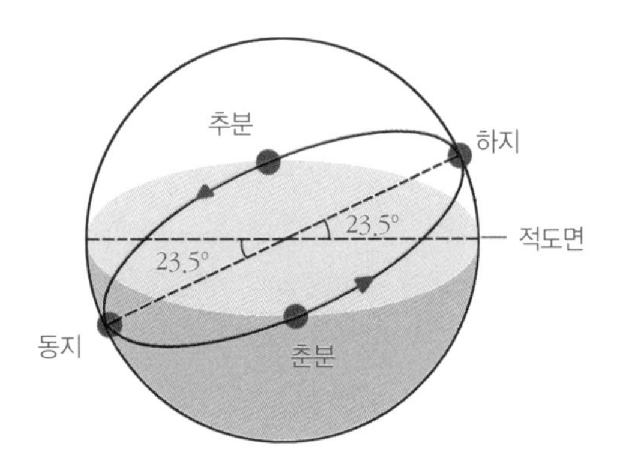

양력과 음력

흔히들 생일이 궁금할 때 음력 생일인지 양력 생일인지 묻곤 하지요. 그런데 왜 귀찮게 음력이나 양력을 따지는 건지 생각해 본 적이 있나요? 달력은 천체의 주기적 변화에 따라서 시간의 단위를 구분해서 정한 것이랍니다.

양력은 태양을 기준으로 하여 1년을 12달로 나눈 달력입니다. 이것을 태양력이라고 부릅니다. 지구가 태양 둘레를 1바퀴 공전하는 데는 365.2422일이 걸립니다. 이 기간을 365.25일로 반올림하고, 12달로 나누면 30.44일이 된답니다. 그래서 12달 중 짝수 달은 30일, 홀수 달은 31일로 정하면 1년은 366일이 됩니다. 여기서 하루를 빼면 365일이 되는데, 하루를 빼는 달을 2월로 정해서 2월은 29일이 된답니다.

그런데 2월은 29일이 아니라 28일이지요? 이렇게 한 달 안에 포함되어 있는 날이 들쭉날쭉한 이유는 로마의 황제들로부터 시작되었습니다.

로마 공화정의 마지막 집정관인 율리우스 카이사르는 자신이 태어난 7월의 명칭을 자신의 이름(July)으로 바꾸었습니다. 그러자 그 후 로마의 초대 황제가 된 아우구스투스도 8월의 명칭을 바꾸게 됩니다. 율리우스 카이사르의 조카인 아우구스투스의 원래 이름은 옥타비아누스였습니다. 그는 자신을 황제라는 이름 대신 '위대한 자' 라는 의미의 아우구스투스라고 부르게 하고 8월의 명칭도 자신의 이름(August)으로 바꾸었습니다. 그런데 8월은 짝수 달이어서 30일까지밖에 없다는 것에 자존심이 상하여 8월을 30일에서 31일로 고쳤습니다. 그러는 바람에 하루가 더 늘게 돼 2월에서 또다시 하루를 빼버렸습니다. 결국 황제들이 한 제멋대로의 결정으로 인

해 2월은 2일이나 날을 뺏겨 버린 거지요.

음력은 달을 기준으로 날짜를 정하는 달력입니다. 초승달에서 보름달을 거쳐 그믐달로 변하는 달의 변화를 1달로 삼는 달력이지요. 달이 지구를 1바퀴 공전하는 데는 29.53일이 걸립니다. 29.53일을 12번 곱하면 354.36일이 되지요. 그래서 음력에서는 1년 12달이 354.36일이 되는 것이랍니다.

달력은 기본적인 주기를 태양을 기준으로 하느냐 달을 기준으로 하느냐에 따라 태양력계와 태음력계로 나누어집니다. 옛날 사람들은 달력을 만들 때 하루의 길이와 달이 차고 기우는 것을 기준으로 분류했어요. 달이 차고 기우는 주기가 29일에서 30일 사이로 그리 길지 않기 때문에 옛날부터 쉽게

1달로 사용할 수 있었습니다.

그런데 1년은 너무나 길어서 세기가 어려웠습니다. 1년이란 태양이 춘분점에서 다시 춘분점으로 되돌아오는 주기인 1회귀년을 말하는데 그것의 시작과 끝을 재기 위해서는 너무 많은 노력과 수고가 들었어요. 그래서 고대에서는 1년의 길이를 측정하기보다 1일과 1달을 합쳐서 달력을 만들었습니다. 이를 태음력이라고 합니다. 태음력에서 그날의 날짜는 바로 달이 차고 기울어지는 달의 모양을 기준으로 나타냅니다. 1일은 초승달이 보이기 시작한 날이며, 15일은 달이 둥글게 꽉 차는 보름달입니다.

그러나 달의 모습만으로 만든 태음력에는 약간의 문제가 있었습니다. 왜냐하면 농사를 짓고 사는 농경 민족에게는 씨뿌리기, 모내기, 추수 등을 적절한 시기에 해야 하는데, 날짜를 놓치면 그해 농사를 망치게 되기 때문입니다. 그러다 보니 단순한 달의 차고 기울어짐으로만 계산한 달력은 정확하지 못했습니다. 그래서 달의 운동을 기본으로 하면서도 계절과 맞추기 위해서 때때로 윤달을 넣은 달력을 만들었는데, 이것이 바로 태음 태양력이랍니다.

태음 태양력은 동지를 1년의 시작으로 보고, 초하루를 한 달의 시작으로 보는 해와 달의 움직임을 합쳐서 만들었습니

다. 고대 사람들은 오랜 경험을 통해 동지와 초하루가 만나는 것은 대강 19년에 한 번임을 알고 있었습니다. 즉, 19년은 태음 태양력이 계절과 딱 맞아떨어지는 주기이지요. 태음 태양력은 주로 동양에서 사용해 왔으며, 우리가 이것을 통상적으로 음력이라고 부릅니다. 한국도 1894년까지는 태음 태양력을 사용했으며 지금도 명절이나 제사는 음력을 따르고 있습니다.

24절기

음력의 12달 354.36일은 태양력의 12달 365.25일보다 짧지요. 11일가량 차이가 나는 셈이에요. 그래서 음력을 사용해서 계절을 따지면 매년 날짜가 달라진답니다. 예를 들어, 윤달을 넣지 않고 20여 년이 지나면, 여름이 겨울이 되고 겨울이 여름이 되어 버리는 현상이 일어난답니다. 이런 이유로 절기를 나누는 데는 태양력을 사용합니다.

태양년을 15일 단위로 끊으면 24로 나누어지는데, 이것을 절기로 이용합니다. 24절기는 태양의 궤도를 15° 단위로 나누었다고 볼 수 있는 것이지요. 24 × 15°는 원의 중심각인

360° 가 되니까요.

24절기는 나름의 독특한 의미를 지니고 있답니다. 이러한 절기는 크게 세 종류로 나누어 분류할 수 있습니다.

우선 계절을 나타내는 절기가 있습니다. 봄이 왔음을 알려 주는 춘분, 여름이 왔음을 알려 주는 하지, 가을이 왔음을 알려 주는 추분, 겨울이 왔음을 알려 주는 동지가 그것입니다.

다음은 기후의 특징을 나타내 주는 절기가 있습니다. 소서, 대서, 처서, 소한, 대한을 통해서는 더위와 추위의 정도, 더위와 추위가 물러가는 시기를 가늠할 수가 있습니다. 우수, 곡우, 소설, 대설을 통해서는 강우와 강설의 시기와 정도를 가늠할 수가 있습니다. 그리고 백로, 한로, 상강으로 수증기의 응결 상태를 통해 온도가 내려가는 추이를 살필 수 있습니다.

마지막으로 만물이 변하는 모양을 나타낸 절기도 있습니다. 소만과 망종을 통해서는 작물이 성숙하고 파종하는 즈음을 그려 볼 수 있고, 경칩과 청명을 통해서는 그 시기와 관련된 농업 기상도를 그려 볼 수가 있답니다.

이들 24절기는 계절의 특성을 말해 주지만 정확하게 한국 기후에 들어맞지는 않습니다. 왜냐하면 24절기의 이름은 아주 옛날 중국 주(周)나라 때 화베이 지방의 기상 상태에 맞춰 지어졌기 때문이지요. 고대와 비교해서 현대의 생태계 환경

24절기(양력 일자)

계절	절기	특징	계절	절기	특징
봄	입춘(立春): 2월 4일경	봄의 시작	여름	입하(立夏): 5월 5일경	여름의 시작
	우수(雨水): 2월 19일경	봄비가 내리고 싹이 틈		소만(小滿): 5월 21일경	본격적인 농사의 시작
	경칩(驚蟄): 3월 6일경	개구리가 겨울잠 에서 깸		망종(芒種): 6월 5일경	씨뿌리기
	춘분(春分): 3월 21일경	낮이 길어지기 시작		하지(夏至): 6월 21일경	낮이 가장 긴 시기
	청명(淸明): 4월 4일경	봄 농사 준비		소서(小署): 7월 7일경	여름 더위의 시작
	곡우(穀雨): 4월 20일경	농사비가 내림		대서(大署): 7월 23일경	더위가 가장 심한 시기
가을	입추(立秋): 8월 6~9일경	가을의 시작	겨울	입동(立冬): 11월 7일경	겨울의 시작
	처서(處暑): 8월 23일경	더위가 가고, 일교 차가 커짐		소설(小雪): 11월 23일경	얼음이 얼기 시작
	백로(白鷺): 9월 7일경	이슬이 내리기 시작		대설(大雪): 12월 7일경	눈이 많이 내린다 는 뜻을 가진 절기
	추분(秋分): 9월 23일경	밤이 길어지는 시기		동지(冬至): 12월 22일경	밤이 가장 긴 시기
	한로(寒露): 10월 8일경	찬 이슬이 내리기 시작		소한(小寒): 1월 5일경	한국에서 1년 중 가장 추운 때
	상강(霜降): 10월 23일경	서리가 내리기 시작		대한(大寒): 1월 20일경	겨울의 큰 추위

은 너무나 많이 변했습니다. 그렇다 보니 더욱더 절기와 날씨의 특성이 맞아떨어지기는 힘들게 되었지요.

절기는 비록 음력을 기준으로 움직였던 농경 사회에서 유래되었지만, 태양의 운동을 바탕으로 했으므로 양력의 날짜와 일치하게 됩니다. 24절기는 양력으로 매월 4~8일과 19~23일에 옵니다. 절기와 절기 사이는 대부분 15일이며, 경우에 따라 14일이나 16일이 되기도 합니다. 이는 지구의 공전 궤도가 타원형이어서 태양을 15° 도는 데 걸리는 시간이 똑같지 않기 때문입니다.

만화로 본문 읽기

아휴, 추워.
빈 선생님, 계절은 왜 생기나요?
계절이 생기는 첫 번째 이유는 지구의 모양에 있습니다.

지구 모양과 계절이 관계있다고요?
알다시피 지구는 둥근 모양입니다. 그래서 위도에 따라 받는 태양 에너지의 양은 같을 수 없답니다.

실험으로 확인해 볼까요?
수빈이는 종이를 둥글게 말아 주세요.
환이는 종이를 펴서 들고 있고,

빛을 비추면 평평한 종이는 골고루 빛을 받지만,
둥글게 만 종이는 가운데는 빛을 많이 받고 위아래는 상대적으로 빛을 덜 받을 수밖에 없지요.

지구를 보면 모양이 둥글 뿐만 아니라 대기로 둘러싸여 있는데, 가운데 부분이 빛이 통과하는 대기가 가장 짧아 흡수되는 태양 에너지도 다른 지역보다 상대적으로 많아서 온도가 높답니다.
아, 그렇군요. 그래서 적도 부분이 가장 덥군요.
대기가 가장 얇음
적도

예, 그 외에도 지구가 하루에 한 번 도는 자전과 지구가 태양을 1년에 한 번 도는 공전 등이 계절에 영향을 미친답니다.
하루에 한 번 도는 자전
지구
1년에 한 번 도는 공전
아, 그렇군요.

두 번째 수업 2

기후 요소와 기후 인자

기후 요소란 무엇이며 기후 인자에는 어떤 것이 있는지 알아봅시다.

2

두 번째 수업

기후 요소와 기후 인자

교과연계		
	초등 과학 3-1	4. 날씨와 우리 생활
	초등 과학 6-2	2. 일기 예보
	중등 과학 3	4. 물의 순환과 날씨 변화
	고등 과학 1	5. 지구
	고등 지학 Ⅰ	2. 살아 있는 지구

빈이 기후의 정의를 묻는 질문으로 두 번째 수업을 시작했다.

여러분은 기후란 무엇이라고 생각하세요?

흔히들 우리는 날씨와 기후를 잘 구별하지 못하는 경우가 많아요. 날씨는 어떤 시각에 비가 온다든지, 흐리다든지 등의 기상 현상을 종합해 놓은 것이고, 기후란 지구상의 특정한 장소에서 매년 순서를 따라 반복되는 대기 현상을 종합한 것입니다.

기후를 구성하는 하나하나의 현상을 기후 요소라 하며, 기온, 강수, 바람을 기후의 3요소라고 부릅니다. 각 기후 요소들이 어떻게 작용하는가에 따라 기후의 특성이 정해진다고

할 수 있지요.

그리고 각 지역별로 기후의 차이가 일어나는 요인이 되는 것을 기후 인자라고 합니다. 이러한 기후 인자에 의해 지구상의 각 지역의 기후는 다르게 나타납니다. 기후 인자에는 위도, 수륙 분포, 해발 고도, 해류, 기단 등이 있습니다.

그럼 이 기후 인자에 대해 하나씩 천천히 알아봅시다.

위도

모든 기상 현상이 생기는 원인은 태양 에너지에 있습니다. 태양 광선은 지구가 둥글기 때문에 적도 부근에서는 똑바로 비치지만 고위도 지방으로 갈수록 비스듬히 비치게 됩니다. 따라서 위도에 따라 태양 에너지를 받는 양이 다르지요. 그래서 저위도 지방은 많은 열을 받아 더운 날씨가 이어지고, 고위도 지방은 매우 춥고, 한국이나 일본처럼 중위도에 위치하는 지역은 사계절이 뚜렷한 온대 기후가 나타납니다.

지구의 공기들은 계속 돌고 있습니다. 더우면 위로 올라가고 차가워지면 아래로 내려가는 공기의 성질 때문에 고위도의 한랭한 공기는 저위도로, 저위도의 따뜻한 공기는 고위도로 이동합니다. 그렇게 열의 교환이 이루어짐으로써 지구 표면의 평균 기온이 유지됩니다.

수륙 분포

육지는 흙과 돌로 구성되어 있습니다. 바다는 물로 구성되어 있지요. 육지와 바다는 서로 다른 성질의 것들로 이루어져 있기 때문에 여러 가지 차이가 있지만 특히 비열의 차이를 빼놓을 수 없습니다. 육지는 쉽게 뜨거워지고 쉽게 식는 데 비해, 바다는 서서히 데워지고 서서히 식습니다.

따라서 대륙 내부에서는 낮과 밤의 온도차가 심한 대륙성 기후가 나타나고, 바다의 영향이 큰 해안이나 섬 지방은 낮과

밤의 온도 차가 작은 해양성 기후가 나타납니다. 한국은 유라시아 대륙과 태평양이 접하는 곳에 있기 때문에 여름에는 태평양의 영향으로 해양성 기후, 겨울에는 유라시아 대륙의 영향으로 대륙성 기후가 나타납니다.

해발 고도

기온은 고도가 높아짐에 따라 낮아집니다. 이와 같은 기온 체감 현상 때문에 열대 기후 지역에서도 높은 산 위에서는 온대 및 한대 기후가 나타나기도 합니다. 해발 고도에 따른 기온의 감소로 인해 고지대의 기후는 부근의 평야 지역과는 달리 밤에는 땅이 빨리 식고, 낮에는 상당히 가열되어 기온의 일교차가 크며, 겨울에는 매우 추운 기후가 나타납니다. 한국에는 대관령 지역이 이 기후의 특성을 가지고 있습니다.

해류

바닷물이 움직이는 큰 줄기가 바로 해류입니다. 파도는 바닷물이 제자리에서 출렁이는 것이고, 해류는 바닷물이 이동하는 것이지요.

해류는 성질에 따라 크게 난류와 한류로 구분하는데 고위도 지방의 차가운 바닷물이 저위도 지방으로 흘러가는 것을 한류라고 하고, 저위도 지방의 따뜻한 바닷물이 고위도 지방으로 흘러가는 것을 난류라고 합니다. 부근에 난류가 흐르면 그 주변의 기후가 따뜻해지고, 한류가 흐르면 그 주변의 기후가 좀 더 추워집니다. 한류와 난류가 만나는 지점은 물고기들의 먹이인 플랑크톤이 풍부해서 고기 떼가 많이 모이므로 아주 좋은 어장이 됩니다. 한국 주변에는 쿠로시오 해류, 동한 난류, 황해 난류, 북한 한류가 흐릅니다.

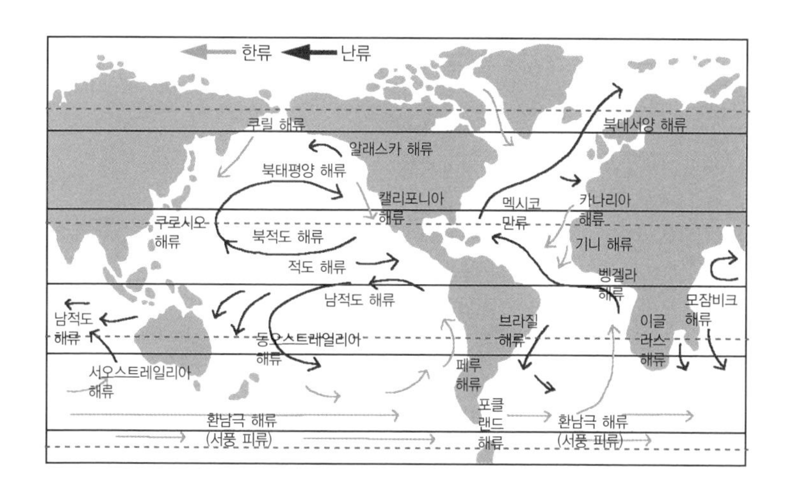

해류가 기후에 영향을 끼치는 아주 좋은 예가 바로 북서 유럽 지방입니다. 이 지역은 난류인 멕시코 만류가 지나가서 같은 위도의 다른 지역에 비하여 겨울이 따뜻합니다.

해류는 지구 표면에 많은 양의 열을 운반하고 있습니다. 예를 들면, 북서 태평양의 쿠로시오 해류와 북대서양의 멕시코 만류 등은 적위도의 남는 열을 극지방 쪽으로 운반하는 역할을 하는 난류입니다. 태평양의 캘리포니아 해류는 적도 쪽으로 찬물을 공급하는 한류입니다. 이렇게 해류는 열대와 한대의 열을 운반하여 지구가 너무 뜨겁거나 차가워지는 것을 막습니다. 만약 해류가 없다면 열대 지방은 갈수록 더워지고 극지방은 갈수록 추워지는 끔찍한 일이 일어날 것입니다.

과학자의 비밀노트

멕시코 만류와 노르웨이의 부동항

지구가 둥글고 햇빛이 지구에 평행하게 입사하기 때문에 고위도로 갈수록 지구에 입사하는 태양 복사 에너지양이 적다. 그러면 노르웨이에서 북쪽으로 갈수록 날씨는 추워야 할 것이다. 그런데 노르웨이는 북쪽으로 갈수록 따뜻하다. 이것은 멕시코 만류의 영향 때문으로, 노르웨이의 남부보다는 북부에 멕시고 만류가 더 잘 도달하기 때문이다. 그리하여 노르웨이의 북쪽에는 나르빅(Narvik)이라는 항구가 천혜의 부동항(겨울에 얼지 않는 바다)으로 이용되고 있다.

지금까지 기후에 영향을 미치는 기후 인자들에 대해 알아보았습니다. 아직 기단이 남지 않았냐고요? 그러나 기단은 좀 더 자세히 배울 필요가 있으니까 다음 시간에 이야기하기로 하지요.

만화로 본문 읽기

올해는 기후가 온난해서….
선생님, 기후와 날씨는 다른가요?
기후란 지구상의 특정한 장소에서 매년 순서를 따라 반복되는 대기 현상을 종합한 것입니다.

또한 기후를 구성하는 하나하나의 현상을 기후 요소라 하며, 기온, 강수, 바람을 기후의 3요소라고 부릅니다.
그런데 각 지역별로 기후가 다르지요?
기후의 3요소 – 기온, 강수, 바람

맞습니다. 지역별로 기후의 차이가 나타나는 원인이 되는 것을 기후 인자라고 합니다.
기후 인자에는 어떤 것들이 있나요?

기후 인자에는 위도, 수륙 분포, 해발 고도, 해류, 기단 등이 있습니다.
기후 인자 – 위도, 수륙 분포, 해발 고도, 해류, 기단 등
기후 인자가 정확하게 어떤 영향을 미치는 건가요?

위도에 따라 태양 에너지를 받는 양이 달라져서 기후에 영향을 미치고, 수륙 분포는 육지와 바다의 비열의 차이 등으로 기후에 영향을 주는 겁니다.
지구
비열의 차이

또, 다들 알겠지만 해발 고도가 높아지면 기온이 낮아집니다. 바닷물이 움직이는 큰 줄기인 해류 역시 큰 영향을 미치고 있는 것입니다.
그렇군요.

세 번째 수업 3

기단은 무엇이고, 전선은 무엇인가요?

한국에 영향을 미치는 기단과 전선에 대해 알아봅시다.

3

세 번째 수업

기단은 무엇이고, 전선은 무엇인가요?

교. 과. 연. 계.

고등 과학 1	5. 지구
고등 지학 I	2. 살아 있는 지구
고등 지학 II	2. 대기의 운동과 순환

빈이 기단과 전선을 주제로 세 번째 수업을 시작했다.

사막, 대양, 설원과 같은 광활한 지역에 공기가 장시간 머물게 되면 공기는 그곳의 지표와 엇비슷한 성질을 띠게 됩니다. 이처럼 넓게 퍼진 공기층이 지표와 비슷한 성질의 공기덩어리로 성장한 것을 기단이라고 합니다. 기단 안의 공기들은 대기의 기온, 습도 등이 거의 같은 성질을 가지고 있습니다. 기단은 땅과 바다 표면의 온도차에 의하여 찬 기단과 따뜻한 기단으로 나누어집니다.

기단은 각각 그 발생한 지역의 고유한 성질을 띠고 있어, 대륙에서 발생한 것은 건조하고 해양에서 발생된 것은 습합

니다. 기단은 발생지의 기후적 특성에 따라 열대, 한대, 극 등의 3가지로 크게 분류합니다. 또, 기단이 얼마만큼 습도를 품고 있는가에 따라 분류하기도 하는데, 건조한 대륙에서 발생한 기단을 대륙성 기단이라 하고, 해양에서 발생한 기단을 해양성 기단이라고 합니다.

기단은 주로 넓은 대륙 위나 바다 위에서 발생합니다. 이 기단이 이동하면 이동해 온 경로의 지리적인 성질에 따라 그 성질이 변하기도 합니다. 이 기단에 대한 설명은 뒤에서 하기로 하고 우선 여기저기서 움직이던 기단과 기단이 만나면 어떤 일이 일어나는지부터 알아보기로 하지요.

온난 전선과 한랭 전선

차갑고 건조한 기단과 따뜻하고 습기가 많은 기단이 어우러지면, 어느 쪽 공기가 강한지에 따라서 온난 전선과 한랭 전선이 만들어집니다.

여러분이 목욕탕의 욕조에 들어갈 때 발끝만 담가 보고 뜨겁다고 소리치면, 어머니들은 들어가면 괜찮다며 목욕탕에 여러분을 밀어넣은 적이 있을 거예요. 막상 목욕탕 물에 몸을 담그면 위쪽 물은 뜨겁지만 아래쪽 물은 그다지 뜨겁지 않다는 것을 느끼고 놀란 적 있지 않나요?

이것이 바로 물뿐 아니라 공기의 중요한 특성까지도 나타내 줍니다. 더운 공기는 위로 올라가고, 찬 공기는 밑으로 내려가지요. 그리고 찬 공기층은 뜨거워지면 다시 위로 올라가게 된답니다. 이때 찬 공기의 기세가 어느 정도인지에 따라 더운 공기의 운동 상태가 달라진답니다.

찬 공기의 기세가 강하지 않으면 더운 공기에 큰 변화를 주지 못하지요. 그래서 안정을 대표하는 층운형의 구름(난층운, 고층운, 권층운, 권운)이 경사면을 따라서 천천히 생기게 된답니다. 이것이 온난 전선이지요. 온난 전선은 전선면의 경사가 급하지 않아서 전선 앞쪽의 방대한 지역에 가는 비를 지속적으로 뿌려 주고, 찬 공기의 기운이 강하지 않아서 전선이 지나간 다음에는 온도가 올라가게 된답니다.

이와는 달리 차가운 공기의 위세가 세다면 따뜻한 공기가 상층으로 빠르게 올라갑니다. 온난 전선과는 달리 찬 공기의 굉장한 기세에 주위의 온도차가 커지기 때문입니다. 공기가 급작스럽게 상승하니 전선면의 기울기는 급할 수밖에 없고, 그래서 불안정한 기층을 대표하는 적운형의 구름(적란운)이 삽시간에 만들어진답니다. 이것이 한랭 전선이지요. 한랭 전

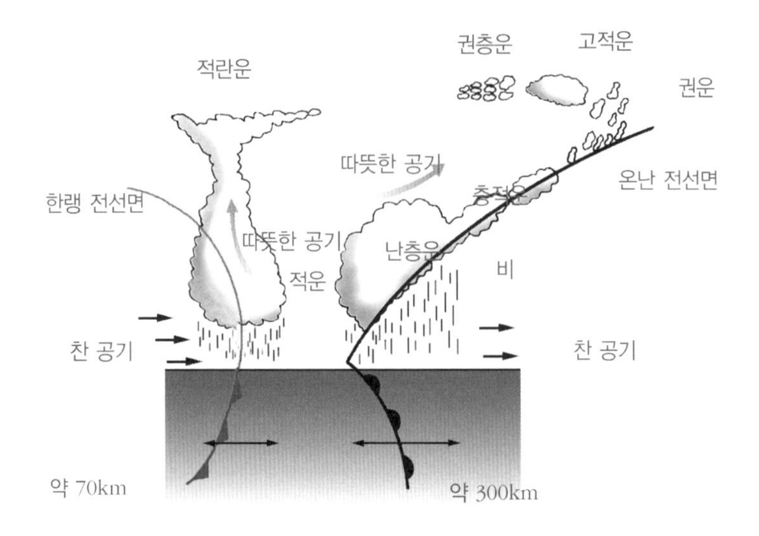

한랭 전선과 온난 전선

선은 전선의 이동 속도가 빠르고 전선면의 기울기가 워낙 급해서 일기 변화가 심하고 단시간 동안에 소나기성 장대비(집중 호우)가 내리지요. 한랭 전선이 지나간 다음에는 찬 공기의 위세 때문에 기온이 급격히 떨어진답니다.

전선의 이동 속도는 한랭 전선이 온난 전선보다 월등히 빠르지요. 그래서 앞서 있는 온난 전선을 한랭 전선이 따라잡고 겹쳐지는 일이 발생하는데, 이렇게 해서 생긴 전선이 폐색 전선입니다. 폐색 전선은 온난 전선과 한랭 전선 중 어느 쪽 기운이 강한지에 따라서 온난형 폐색 전선과 한랭형 폐색전선으로 구분합니다.

한랭 전선과 온난 전선의 힘이 팽팽하면 전선은 이동을 멈추고 한 곳에 오래 머무르게 되지요. 이때 정체 전선이 형성됩니다. 여름철이면 어김없이 한반도에 찾아와서 장대비를 쏟아붓고 사라지는 장마 전선이 정체 전선의 좋은 예입니다.

한국에 영향을 주는 기단

기단은 발생지의 기후 특성을 충실하게 반영합니다. 그래서 찬 지방은 한랭한 기단, 따뜻한 지방은 온난한 기단, 대륙

발생지	발생지	계절	특성	분류
시베리아	대륙	겨울	한랭 건조	대륙성 한대 기단
양쯔 강	대륙	봄과 가을	고온 건조	내륙성 열대 기단
오호츠크 해	해양	초여름	한랭 다습	해양성 한대 기단
북태평양	해양	여름	고온 다습	해양성 열대 기단

은 건조한 기단, 해양은 다습한 기단이 생성되는 것입니다. 이러한 사실을 염두에 두고, 한반도의 기후에 영향을 주는 기단을 꿰맞추어 보면 그 특성을 이해하기가 쉽답니다.

한국에 영향을 주는 대표적인 기단으로는 시베리아 기단, 양쯔 강 기단, 오호츠크 해 기단, 북태평양 기단, 적도 기단 등이 있지요. 이들의 특성은 다음과 같습니다.

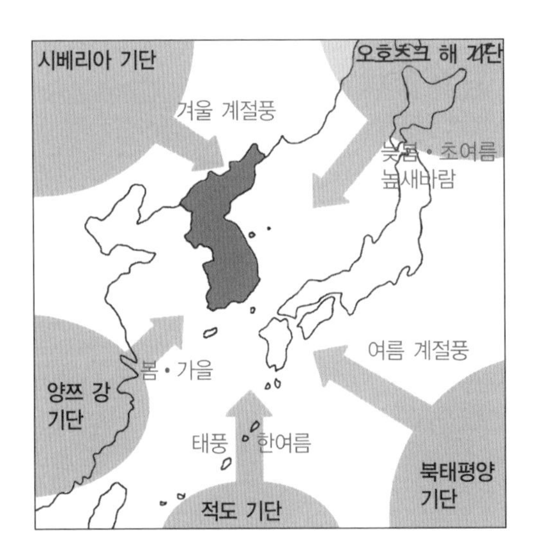

한국의 봄은 양쯔 강 기단의 영향을 강하게 받습니다. 양쯔 강 기단은 이동성 고기압으로 한국의 봄과 가을에 나타납니다. 대륙성 열대 기단이며 대륙에서 발생해서 건조하지만, 저위도에서 발생해서 따뜻한 성질을 가진 고기압입니다. 따라서 이 기단은 따뜻하고 건조한 것이 특징이며, 봄의 특징을 결정하는 요소이기도 하지요.

한국의 봄은 겨울 내내 자리잡고 있던 시베리아 고기압의 세력이 약해지고 이동성 고기압과 저기압이 번갈아 통과하므로 날씨의 변화가 아주 변덕스럽게 일어납니다. 봄이 되면 아주 활발해지는 양쯔 강 기단이 동서 방향으로 뻗어 나가 한국 전체를 통과하면 오랫동안 맑은 날씨가 계속됩니다. 날씨가 맑으면 놀러 나가기에는 좋지만 농사를 짓는 사람들에게는 반갑지 않은 손님입니다. 자칫하면 '봄 가뭄' 이 될 수도 있으니까요.

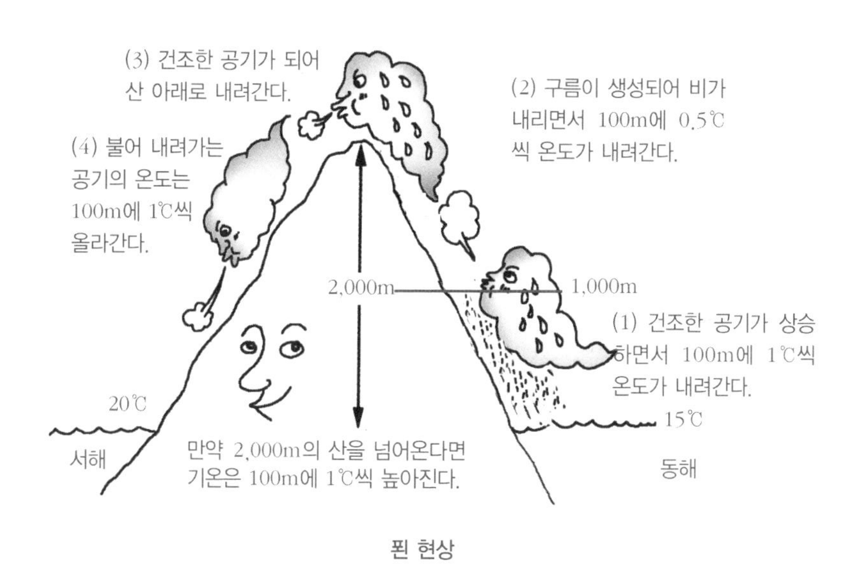

푄 현상

양쯔 강 기단에 의해 만들어진 이동성 고기압의 중심이 한반도 남쪽으로 지나 강원도 영동 지방, 즉 북쪽으로 이동합니다. 그런데 강원도에 있는 높은 태백 산맥이 이동하고 있는 고기압을 막아선답니다. 이렇게 태백 산맥을 넘어간 공기는 산을 넘기 전의 공기보다 건조하고 기온이 높아집니다. 한국에서는 동풍 계열의 바람이 불 때 태백 산맥의 푄 영향으로 동해안 지방은 기온이 낮고 습하나 서쪽 지방에서는 기온이 높고 습도가 낮은 경우가 있습니다. 이것이 바로 '푄 현상'으로 경기 및 충청 지방에 고온 건조한 날씨를 만들어 냅니다.

시베리아 기단이 약화되면서 중국의 남쪽 지방이나 바다에서 발달한 저기압이 한반도에 영향을 주게 되면 약간의 비와 함께 온난 전선형 안개가 자주 발생하기도 합니다. 봄이 되면 중국 북부 및 몽골 지역에서는 겨울철에 발달한 서리가 녹으면서 지표면의 토양은 매우 푸석푸석한 상태가 됩니다. 이때 건조한 저기압이 자주 발달하여 아주 큰 모래바람이 일어납니다. 이것이 바로 '황사'로, 동아시아 지역으로 3~5km 고도의 공기 흐름을 따라 움직입니다.

이렇게 밀려온 바람이 한국에까지 영향을 주곤 하지요. 봄날에 빨래를 널어 놓으면 가끔 누런 먼지가 잔뜩 내려앉아 있을 때가 있는데, 이것이 바로 황사 때문이랍니다. 한국 봄의

계절적 특징을 간단히 말해 보면 변덕스러운 날씨 변화, 황사 현상, 꽃샘 추위, 이동성 고기압의 활발한 움직임이라고 할 수 있습니다.

한국의 초여름과 장마철에 영향을 미치는 오호츠크 해 기단은 차갑고 습한 성질을 가지고 있습니다. 오호츠크 해 기단은 해양성 한대 기단으로서 겨울철 내내 오호츠크 해에서 흘러내려온 얼음물에 의해 만들어진 기단입니다. 따뜻하고 건조한 양쯔 강 기단과는 달리 차고 습도가 높습니다. 오호츠크 해 기단은 높새 바람을 일으키고 푄 현상을 일으키며 여름 냉해의 원인입니다. 그리고 초여름에 오호츠크 해 기단의 영향을 강하게 받는 영동 지방은 다른 지역보다 5~6℃ 정도

기온이 낮기도 합니다.

그러나 여름이 점점 깊어 갈수록 온도와 습도가 높은 북태평양 기단이 올라옵니다. 이 2개의 기단이 한국에서 만나 장마가 생깁니다. 장마가 끝나고 나면 한반도에 무덥고 쾌청한 여름 날씨가 이어지곤 하지요. 이것은 장마 전선이 사라지자마자 남쪽으로부터 북태평양 기단이 올라오기 때문이랍니다. 즉, 따뜻한 북태평양 기단이 고위도에서 내려온 차가운 공기와 맞부딪친 후에 서서히 냉각되어서 그 상태를 장시간 유지하는 까닭이랍니다.

장마는 대략 6월 하순에 시작하여 약 30일 정도 지속됩니다. 가끔 강수 강도가 강화되어 국지적으로 '집중 호우'를 나타내 많은 피해를 입히기도 합니다. 한국 대부분의 지역에서 여름 강수량의 반 이상이 이 장마철에 집중되고 있습니다.

장마철이 지나면, 북태평양 기단이 한반도를 차지합니다. 이 시기에는 습기가 많고, 온도가 높은 무더운 날씨를 나타납니다. 그리고 대기 상태가 매우 불안정해서 소나기와 뇌우 등이 부분적으로 나타납니다.

동해안은 남쪽으로부터 따뜻한 난류와 남풍 계열의 바람이 많이 붑니다. 이때 북쪽의 더 차가운 한류 지역이 그 영향을 받아 안개가 많이 생깁니다. 동해안과 울릉도에서 특히 이

현상이 자주 발생하지요. 그리고 북태평양 고압대의 중심 위치가 북쪽으로 올라오는 6월과 9월 사이에는 저위도에서 형성된 열대 저기압이 태풍으로 발달합니다. 그래서 8월 즈음에는 1~2차례의 태풍이 나타나곤 합니다.

여름은 북태평양 기단이 영향을 주는 계절입니다. 그래서 온도와 습도가 모두 높습니다. 한여름에 무더위와 열대야가 나타나서 더위에 뒤척이다 잠 못 드는 밤이 계속되는 것도 이런 이유 때문입니다.

가을은 북태평양 기단이 약해지고 봄에 영향을 주었던 양

쯔 강 기단이 다시 한국에 자리 잡는 계절입니다. 그래서 다시 시원하고 건조한 날씨가 계속되지요. 봄, 가을은 양쯔 강 기단의 영향으로 특징이 비슷합니다. 기압 배치도도 봄과 가을이 비슷합니다.

가을에는 맑은 날씨가 계속되어 음식이 풍성하고 동물들의 살이 오르는 계절이라 우리는 예부터 가을을 '천고마비의 계절'이라고 불렀습니다.

가을 공기는 고위도 지방으로부터 이동해 오면서 온도가 높아져서 대체로 건조하고, 대기 중에 떠다니는 먼지가 적어 깨끗하고 상쾌합니다. 가을 안개는 동해안을 제외한 한반도 전역에서 아주 많이 나타납니다. 육지에서는 밤과 낮의 기온

차가 커서 안개가 많이 생기고, 바다에서는 바닷물의 온도가 높아져서 증발이 잘 일어나므로 공기가 습합니다. 이 습한 공기가 육지로 옮겨 가서 밤에 차갑게 식으면서 안개를 만들어 냅니다.

겨울은 시베리아 기단의 영향을 받습니다. 시베리아 기단은 아주 추운 지역인 러시아의 바이칼 호수에서부터 생겨납니다. 시베리아 기단의 특징은 차고 건조한 대륙성 한대 기단입니다. 11월 초순에서 중순쯤에 한국 부근에 나타나서 겨울철 내내 머무릅니다. 이 기간 내내 한국에는 강추위가 몰아닥치지요. 중부 지방의 기온이 −10℃ 이하로 떨어지는 추운 날씨가 계속됩니다.

차갑고 건조한 시베리아 기단의 성질 때문에 한국의 겨울

은 매우 춥고 건조합니다. 그리고 시베리아 기단은 일정한 기간을 두고 약해졌다 강해졌다 하므로 3일 정도는 추웠다가 4일 정도는 따뜻해지는 삼한사온 현상이 두드러집니다.

그렇게 우리를 춥게 만들던 이 시베리아 기단은 3월 중, 하순경의 꽃샘 추위를 끝으로 세력이 약해져서 한국을 떠나게 됩니다.

과학자의 비밀노트

황사 현상

중국과 몽고의 사막 지대, 황화 중류 황토 지대의 모래나 흙먼지가 난류에 의해 상층으로 올라가 상층 대기에 의해 한국 쪽으로 이동해 와 떨어지는 현상을 황사 현상이라고 한다. 황사의 구성 성분은 사막 지대의 모래 성분인 규소, 황토 지대의 장석이 주성분이며, 철, 칼륨 등의 산화물도 섞여 있다. 요즈음에는 납, 카드뮴, 알루미늄, 구리 등의 중금속 물질이 섞여 있어 감기, 호흡기 질환, 눈병 등에 걸리기 쉽다.

한국에서는 주로 3~4월에 관측되는데, 황사가 지속된 시간이 점점 길어지는 등 황사 현상이 더욱 심해지고 있다.

만화로 본문 읽기

오늘은 온난 전선의 영향으로….
선생님, 온난 전선에서 온난이라는 말이 따뜻하다는 말인 것은 알겠는데, 전선이라는 뜻은 뭔가요?

공기의 특성 중에 더운 공기는 위로 올라가고, 찬 공기는 밑으로 깔린다는 것은 알고 있지요?
예.

찬 공기층과 더운 공기층이 만나면 찬 공기층은 내려가고, 더운 공기층은 올라가게 되겠죠? 이때 찬 공기의 세력이 강한 정도에 따라 공기의 운동 상태가 달라집니다.
더운 공기
찬 공기
어떻게 달라지나요?

찬 공기가 강하지 않으면 더운 공기에 큰 변화를 주지 못해요. 그래서 안정적인 층운형의 구름이 경사면을 따라서 천천히 생기게 되고, 이것을 온난 전선이라고 해요.
권층운
고적운
권운
고층운
적란운
따뜻한 공기
찬공기
따뜻한 공기
찬공기
온난 전선이 그렇게 생기는 거군요.

그럼 한랭 전선은요?
온난 전선과 반대로 찬 공기의 세력이 강하다면 따뜻한 공기가 상층으로 빠르게 올라갑니다. 강한 찬 공기에 의해 주위의 온도차가 커지기 때문입니다.

공기가 급작스럽게 상승하면 전선의 기울기는 급할 수밖에 없어요. 그래서 불안정한 적운형의 구름이 만들어지게 되고, 이것을 한랭 전선이라고 해요.
그렇군요.

네 번째 수업

4

일기와 공기층

지표를 둘러싼 공기층은 4개의 층으로 분류합니다.
공기층과 일기와의 관계를 알아봅시다.

4

네 번째 수업

일기와 공기층

교과연계

고등 지학 I	1. 하나뿐인 지구
고등 지학 II	2. 대기의 운동과 순환

빈이 일기에 큰 영향을 주는 요소인 공기에 대한 이야기로 네 번째 수업을 시작했다.

단열 감률

기후를 이야기하면서 일기를 좌지우지하는 요소를 짚고 넘어가지 않을 수 없겠지요. 그것은 바로 공기입니다.

공기는 상승과 하강을 이어 가면서 '단열 팽창' 과 '단열 압축' 을 합니다. 단열(斷熱)이란, 말 그대로 열을 차단한다는 뜻이지요. 팽창과 수축으로 겉모양은 바뀌어도 내부의 열은 변함없이 처음 그대로를 계속 유지한다는 의미입니다.

열이 흘러 들어오거나 나감이 없이 공기가 팽창을 하면 단

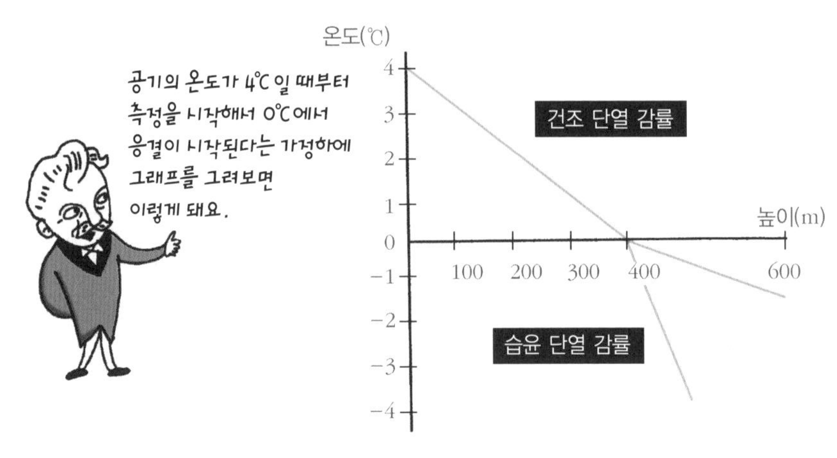

열 팽창, 수축을 하면 단열 압축이라고 합니다.

단열 팽창하는 공기는 에너지가 소모되어 100m 상승할 때마다 1℃ 남짓하게 온도가 떨어지지요. 이런 식으로 기온이 떨어지는 것을 건조 단열 감률이라고 합니다. 반면, 공기의 온도가 낮아져서 응결이 시작되면 기온은 건조 단열 감률의 절반으로 떨어져서 0.5℃씩 낮아지는데 이것을 습윤 단열 감률이라고 합니다.

공기층의 안정

건물이 불안하게 서 있으면 보는 사람의 마음이 불안합니다. 그러나 안정돼 있으면 마음이 놓이지요. 공기층도 마찬가지입니다. 공기가 안정하게 쌓여 있으면 일기 변화가 심하지 않지만, 불안정하면 일기 변화가 극심하지요.

그럼 우선 공기가 쌓여 있던 대기권은 어떻게 구성되어 있는지 알아보도록 하지요.

일반적으로 대기권의 구조는 기온 분포에 따라 대류권, 성층권, 중간권, 열권으로 나눕니다.

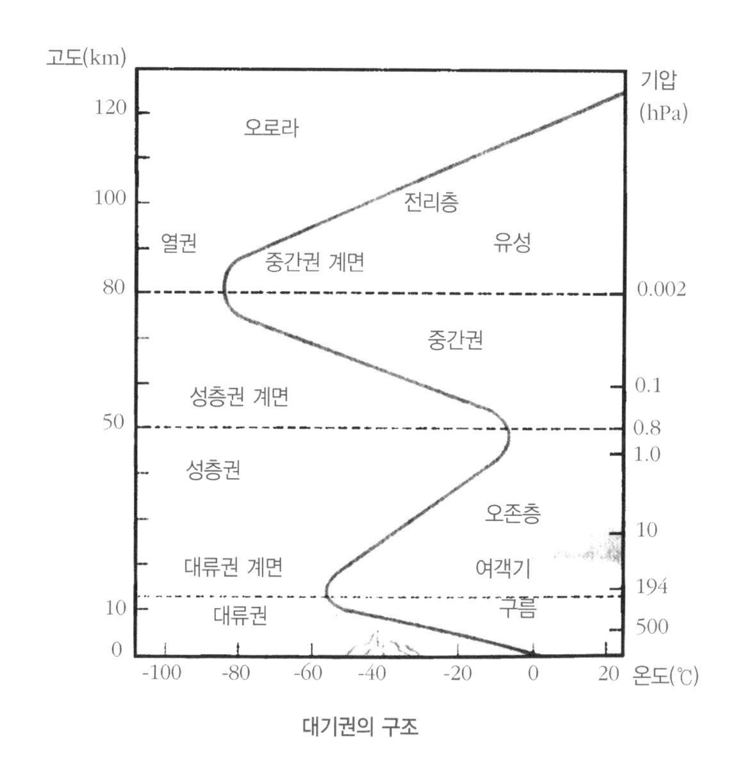

대기권의 구조

대류권

대기권의 가장 아래에 위치해 있습니다. 기온은 높아질수록 낮아지고 풍속은 높아질수록 세집니다. 이 대류권은 대기가 불안정한 층으로 공기 분자, 수증기 및 불순물이 아주 많이 있습니다. 지표면과 가장 가까운 곳에 있다 보니 비나 눈 등 우리 눈에 보이는 대부분의 기상 현상뿐 아니라 온대 저기압, 전선, 태풍 등 하루의 일기 변화를 일으키는 거의 모든 대기 운동이 이 대류권 내에서 일어납니다.

대류권의 높이는 적도 지방에서 가장 높고 위도가 높은 지방으로 갈수록 낮아집니다. 같은 위도에서는 여름에 높고 겨울에 낮습니다.

성층권

대류권의 위에 위치하며 고도 약 50km까지의 대기권에 분포하고 있는 것이 성층권입니다. 이 성층권의 아래쪽은 높이와 상관없이 기온이 일정하지만 위쪽에서는 높이에 따라 기온이 높아지는데, 그 이유는 오존층이 태양의 자외선을 흡수하기 때문입니다. 성층권은 대단히 안정적인 곳입니다. 그래서 대류권과 다르게 대류 현상이 없으므로 날씨의 변화도 거의 없습니다.

성층권 가운데 오존의 농도가 가장 높은 층이 있는데 이를 오존층이라고 부릅니다. 약 20~25km에서 오존의 농도가 가장 높습니다. 이 오존층은 일종의 파라솔 같은 역할을 하고 있습니다. 지구상의 생물체가 직접 쬐면 무척 해로운 자외선을 이 오존층이 막고 있습니다.

그러나 냉장고나 에어컨디셔너 등의 생활용품에 사용하는 프레온 가스와 같은 화학 물질이 성층권으로 올라와서 오존층을 파괴하고 있습니다. 오존층 파괴는 대기의 자외선 B를 흡수하는 역할을 약화시켜 피부암이나 백내장 등을 일으킵니다. 또한, 성층권 온도를 변하게 만들어 크게는 기후 변화까지 일으키고 있습니다.

중간권

중간권은 성층권 위쪽으로 높이 약 80km 정도까지의 대기층입니다. 중간권은 고도가 높아질수록 기온이 낮아지는 곳

입니다. 이 층의 가장 높은 곳의 기온은 −90℃ 정도로, 중간권은 대기권 내에서 가장 추운 곳입니다.

열권

중간권 위에 있는 대기층으로서 열권 안에 있는 질소와 산소는 태양 에너지를 흡수합니다. 그런 이유는 열권은 고도 약 200km 위로는 서서히 온도가 올라갑니다. 열권에는 공기가 아주 적습니다. 그러나 이 열권 안에서는 전파가 반사되기 때문에 원거리 통신을 가능케 해 줍니다.

지금까지 대기권의 구조에 대해 알아보았으니 그럼 대기권 안에 있는 구름과 기압에 대해서 알아보기로 하지요.

공기 중의 수증기는 기온이 높아지면서 위로 떠오르게 됩니다. 그렇게 올라간 공기 안의 수증기는 소금기나 공기 중에 떠다니는 작은 먼지들이 응결핵(중심 물질)이 되어 뭉쳐집니다. 그렇게 생성된 물방울이나 얼음 알갱이들이 모여서 구름을 만듭니다. 구름이 생기는 여러 가지 이유는 다음과 같습니다.

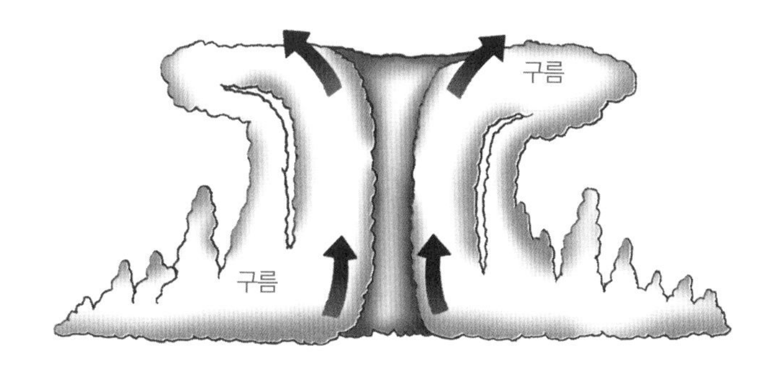

1. 저기압 중심으로 공기가 모여들면서 상승할 경우

습도가 높은 공기가 저기압으로 모여 위로 올라가면 기압과 온도가 낮아져 공기가 팽창하고 상대 습도가 높아집니다. 그로 인해 습기가 서로 달라붙어 구름이 됩니다.

2. 산을 향해 바람이 불면서 산을 따라 공기가 상승할 경우

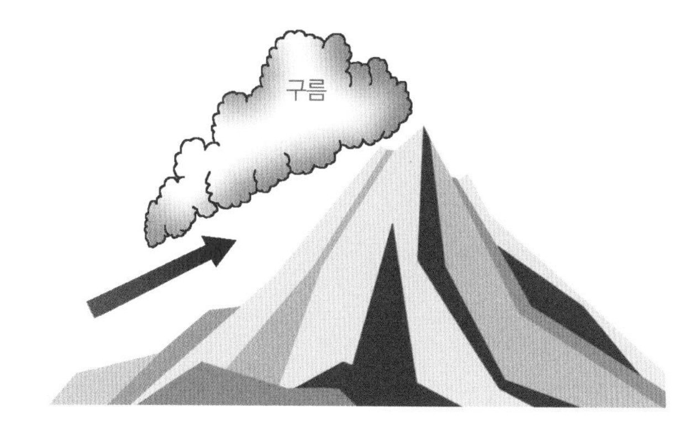

산을 타고 오르면 기압과 온도가 낮아져 공기가 팽창하고 상대 습도가 높아집니다. 그러면 온도가 이슬점 이하로 떨어지면서 서로 달라붙어 구름이 됩니다.

3. 태양열에 의해 데워진 땅 주변의 공기가 위로 올라갈 경우

습도가 많은 공기가 위로 올라가면 온도와 습도가 아주 급하게 떨어집니다. 이때 많은 양의 습기가 응결되면서 구름이 생깁니다.

4. 찬 공기가 더운 공기 밑을 파고들면서 더운 공기를 상승시킬 경우

찬 공기가 더운 공기 밑을 파고들면 더운 공기는 찬 공기에 떠밀려 위로 올라갑니다. 이때 온도가 내려가면서 공기 중의 습기가 서로 달라붙어 구름이 됩니다.

공기층의 안정 여부는 구름의 형태와 밀접한 관계가 있답니다. 구름이 활발하게 만들어지려면 공기의 상승 운동이 필연적으로 뒤따라야 하기 때문이지요. 대기가 안정해서 떠오름이 미미하면 층운(層雲, 層은 겹겹이 쌓인다는 뜻)형의 구름이 발달합니다. 반면 대기가 불안정해서 공기가 상공으로 뻗어 나가면 상층부가 융기하듯 발달해서 적운(積雲, 積은 회오리처럼 쌓인다는 뜻)형의 구름이 만들어집니다.

구름이 있고 없음은 그 지역의 기압과도 깊은 연관이 있습니다. 기압이 높다는 것은 그곳에 공기가 많다는 뜻이지요.

밀도가 상대적으로 높다는 의미입니다. 밀도가 높은 고기압 지대에서 밀도가 낮은 저기압 지대로 공기가 자연스럽게 흐르는 것이지요. 그래서 고기압 지역에서는 공기가 빠져나가고, 저기압 지역으로는 공기가 들어오는 것이랍니다.

북반구에서 공기의 흐름은 코리올리 힘(전향력)을 받아서 오른쪽으로 휘어집니다. 그래서 북반구의 고기압 중심에서 빠져나가는 바람은 시계 방향, 저기압 중심으로 흘러 들어가는 바람은 반시계 방향으로 불게 됩니다.

고기압 지역은 상공으로부터 공기가 흘러 내려옵니다. 그래야 저기압 지대로 공기를 계속 보낼 수 있으니까요. 고기압 중심 부근은 하강 기류가 발생해서 구름이 없고, 맑은 날

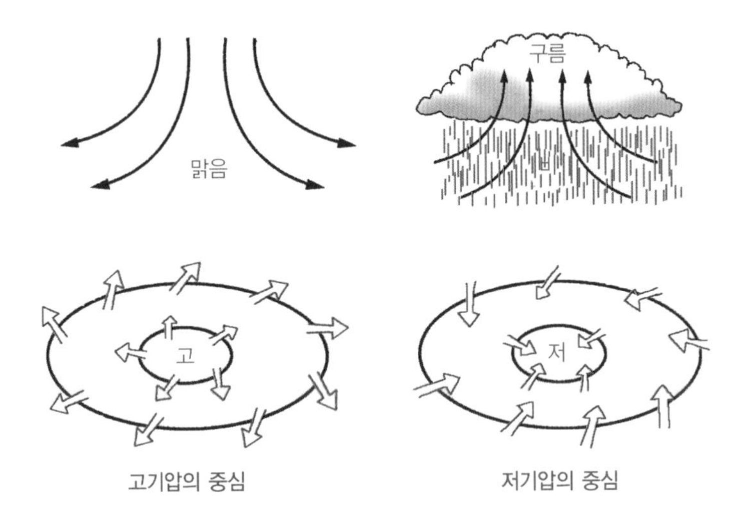

씨가 이어집니다. 그러나 저기압 지역은 바람이 불어 들어오는 까닭에 상승 기류가 발생하고 구름이 생기지요. 비를 동반한 흐린 일기가 나타나는 것입니다. 태풍이 발생하는 곳도 열대성 저기압 지대이지요.

대류권에서는 상공으로 올라갈수록 기온이 낮아지는 것이 일반적입니다. 그런데 간혹 지표의 온도가 급격히 내려가면, 일시적으로 상층부의 온도가 하층부보다 높아지는 기온 역전 현상이 발생한답니다. 이때는 공기의 상하 운동이 자유롭지 못해서 대기의 변화가 심하지 않게 됩니다.

과학자의 비밀노트

코리올리 힘(Coriolis' force)

전향력이라고도 하는데, 회전하는 물체 위에서 보이는 가상적인 힘으로 원심력과 같은 것이다. 크기는 운동하는 물체의 속력에 비례하고 운동 방향에 수직 방향으로 작용한다. 1828년 프랑스의 코리올리(Gustave Coriolis, 1792~1843)가 이론적으로 유도하여 그의 이름을 따서 부른다. 북반구에서 지상으로 낙하하는 물체가 오른쪽으로 쏠리는 현상을 설명할 수 있다.

만화로 본문 읽기

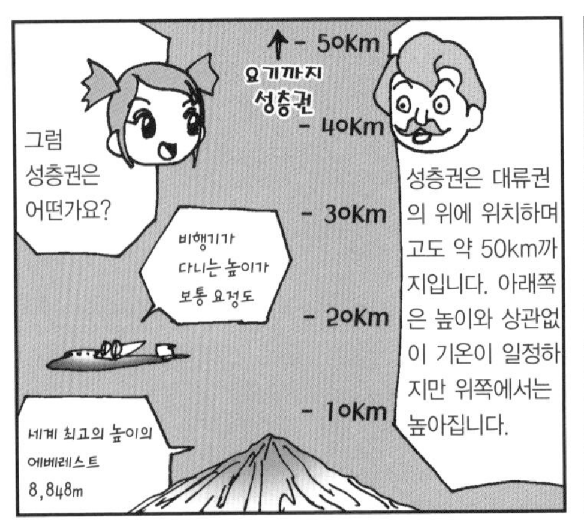

열권은 중간권 위에 있는 대기층인데, 이곳의 질소와 산소는 자외선을 흡수하고 공기는 아주 적습니다. 그러나 이곳은 전파가 반사되기 때문에 원거리 통신을 가능케 합니다.

다섯 번째 수업 5

세계의 기후

세계 여러 곳에서 나타나는 기후의 종류와 특성에 대해 알아봅시다.

5

다섯 번째 수업

세계의 기후

교. 과. 연. 계.

고등 지학 I 2. 살아 있는 지구

고등 지학 II 2. 대기의 운동과 순환

빈이 지구상에 나타나는 기후를 주제로 다섯 번째 수업을 시작했다.

앞의 수업에서 기후란 무엇인지, 기후를 이루는 요소가 무엇인지를 알아보았으니 이젠 지구상에 나타나는 여러 기후에 대해 알아보기로 해요.

기후는 크게 열대, 건조, 온대, 냉대, 한대 기후로 나누어지고, 각 기후는 특성별로 다시 갈라집니다.

최초로 기후를 분류한 사람은 독일의 기후학자 쾨펜(Wladimir Köppen, 1846~1940)이었습니다. 현재의 기후 분류는 모두 쾨펜의 기후 분류에 그 기본을 두고 있답니다.

열대 기후

적도 부근에 나타나는 기후로 보통 연평균 기온은 20℃이고 가장 추운 달의 평균 기온이 18℃ 이상인 기후를 열대 기후라고 부릅니다. 기온의 변화가 거의 없어 온대처럼 봄 · 여름 · 가을 · 겨울의 계절 구분이 없으며, 항상 여름인 지역입니다.

열대 기후는 다시 열대 우림 기후, 사바나 기후, 열대 몬순 기후로 분류됩니다.

1) 열대 우림 기후 : 아마존 강 유역, 콩고 분지, 말레이 반도, 뉴기니 등에서 나타납니다. 1년 내내 비가 많고(연평균 강수량 2,000mm 이상) 갑자기 엄청난 양의 비가 순식간에 쏟아지는 스콜이 매일 발생합니다. 더운 기온과 습기 때문에 말

라리아 같은 풍토병이 많이 돌아 사람이 살기에는 좋은 지역이 아닙니다.

2) 사바나 기후 : 아프리카 중앙부, 인도 동부, 브라질 등에서 나타납니다. 여름에 비가 많이 오고 그 외의 계절에는 거의 비가 오지 않습니다.

3) 열대 몬순 기후 : 필리핀 북부, 인도차이나 반도 연안, 인도 등지에서 나타나는 기후입니다. 열대 우림 기후보다 비가 적게 오고 살기에 적당해서 아시아에서는 예로부터 논농사가 발달했고 많은 사람들이 살고 있습니다.

건조 기후

비가 내리는 양이 비가 증발하는 양보다 적어 나무와 풀이 자라기 힘든 기후대를 건조 기후라고 합니다. 워낙 물이 부족하다 보니 숲이 충분히 발달하지 못해서 초원이나 사막이 생기는데, 건조한 정도에 따라 사막 기후나 스텝 기후(초원 기후)로 나눕니다.

사막 기후 지역에서는 농사를 지을 수 없지만 초원 기후 지역의 일부 지역에는 비옥한 흑토가 있어 농사가 가능합니다.

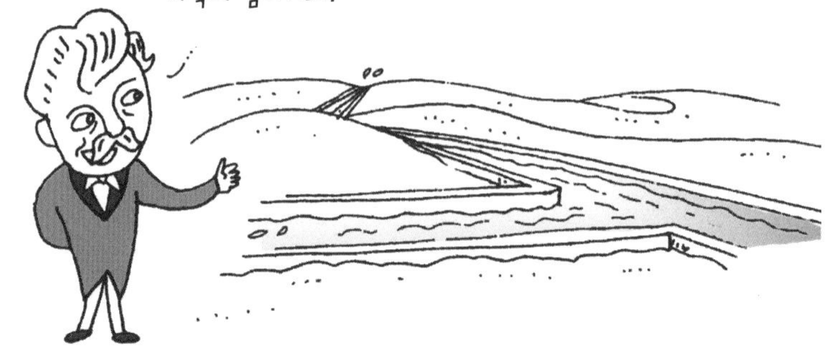

많은 과학자들이 관개 시설을 확충하여 스텝 기후 지역을 좋은 농목축 지대로 만들려는 노력을 하고 있습니다.

더욱이 남북 아메리카나 러시아의 스텝에서 실제로 밀농사를 하고 있답니다. 우리가 사는 지구에서 건조 기후가 차지하는 면적은 전체 육지의 약 30% 정도입니다. 일반적으로 밤과 낮의 온도차가 커서 낮에는 찌는 듯이 덥고 밤에는 춥습니다. 이는 증발에 의한 기온 조절이 잘 이루어지지 않기 때문입니다.

온대 기후

한국처럼 평균 기온의 연변화가 사계절에 따라 뚜렷하게 구별되는 기후대입니다. 중위도 지방에 해당되기 때문에 저위도 · 고위도 지방에서 나타나는 열대 · 한대 기단의 작용을 받아 기온의 변화가 심한 것이 특징입니다.

여름에는 햇빛이 강렬히 내리쬐기 때문에 열대 지방과 비슷할 정도로 온도가 높아지고, 겨울에는 한대 지방과 별 차이가 없을 정도의 저온 현상이 나타납니다. 그러나 사람들이 살기 가장 좋은 조건의 기후라 온대 지방은 인류가 가장 많이 사는 곳이기도 합니다. 날씨의 변화가 크기 때문에 일기 예보가 가장 많이 활용되지만, 한편으로는 일기 예보가 어려운 곳이기도 합니다. 한국, 일본, 이탈리아 등이 온대 기후대에 속해 있습니다. 온대 기후는 크게 4가지로 나눕니다.

1) 아열대 계절풍 기후 : 여름철에는 열대 지방과 같이 높은 기온을 나타내고 겨울철은 따뜻합니다. 여름은 바다에서 불어오는 계절풍의 영향으로 고온 다습하고, 겨울은 대륙에서 불어오는 계절풍 때문에 건조합니다. 1년 내내 비교적 따뜻해서 이 기후에서는 벼농사를 1년에 2번 짓는 것도 가능합니다. 중국의 화난이나 타이완, 인도 북부가 이 기후대에 속

합니다.

2) 온대 계절풍 기후 : 대륙성 기후로 여름의 낮 동안은 열대에 가까운 높은 기온을 보이지만, 겨울에는 추워서 눈이나 서리가 내립니다. 연평균 강수량은 1,000mm를 넘고 사계절의 변화가 뚜렷합니다. 아주 기름진 땅을 가져서 농사를 짓기 좋고 사람들이 많이 모여 삽니다. 한국, 일본, 중국, 미국 동부가 이 기후대에 속합니다.

3) 지중해성 기후 : 중위도 고압대에 속해서 여름에는 기온이 높고 건조하며, 겨울에는 편서풍의 영향으로 온난하고 비가 내려 다소 습합니다. 지중해 연안이나 남아프리카 남쪽에 주로 나타나서 지중해성 기후 지역이라고 불립니다. 대부분 사계절 내내 맑은 날씨이고 겨울에도 그리 춥지 않아 관광지가 된 곳이 많습니다.

4) 서안 해양성 기후 : 서유럽이나 캐나다 쪽입니다. 비록 고위도 지방에 속해 있어 기온은 낮지만 해상에서 불어오는 편서풍과 멕시코 만류의 영향으로 같은 위도 상의 다른 대륙에 위치한 나라들에 비해 따뜻하고 비도 1년 내내 고르게 내립니다.

냉대 기후

북반구 북부의 대륙에서만 나타나는 기후로, 아한대 기후라고도 합니다. 겨울에는 몹시 춥고, 어느 기간 동안은 계속 눈이 내립니다. 긴 겨울에 비해 여름이 짧지만 비교적 여름 온도는 높은 편입니다. 이 기후는 강수량에 따라 다시 2가지로 나뉩니다.

1) 냉대 동계 건조 기후 : 북위 40° 이북의 아시아 동부에 발달하는 냉대 기후의 하나로, 아한대 하우 기후라고도 부릅니다. 이 기후 지역은 겨울에는 시베리아 고기압이 발달하여 맑은 날씨가 계속되고 바람도 약하며, 복사 냉각 등에 의해서 매우 한랭한 기후이나, 여름에는 온도가 비교적 높습니다.

2) 냉대 습윤 기후 : 아한대 다우 기후라고도 하며, 겨울철에도 온대 저기압 등의 영향을 받아 대륙 서안에서 중앙에 이르는 지역에 적설량이 많습니다. 이 기후의 한계는 가장 건조한 달의 강수량이 가장 비가 많은 달의 $\frac{1}{10}$ 이상으로 하였습니다. 주로 스칸디나비아 반도 · 시베리아 서부 · 연해주 · 캄차카 반도 · 북아메리카 대륙 북부 등에서 볼 수 있습니다. 냉대 동계 건조 기후와 마찬가지로 이 기후가 나타나는 위도대에 대륙이 존재하지 않는 날 반구에서는 볼 수 없고, 북반

구에만 나타납니다. 겨울의 추위는 냉대 동계 건조 기후보다 약하지만 강설이나 눈보라 등으로 생활에 많은 영향을 미칩니다.

한대 기후

한대 기후는 남극이나 북극처럼 1년 내내 얼음이나 눈에 덮여 있어 풀이나 나무가 자랄 수 없는 기후입니다. 한대 지방은 가장 따뜻한 달의 월평균 기온이 10℃ 정도밖에 되지 않습니다.

인류가 살고 있는 지구에서 가장 추운 지역은 남극 대륙입니다. 남극은 세계 최저온이 관측되었던 것으로 유명합니다. 비는 거의 내리지 않고 눈만 내립니다. 한대 기후는 툰드라 기후와 빙설 기후로 나뉩니다.

1) 툰드라 기후 : 기온이 낮고 비가 적어 나무는 자라지 못하지만 이끼 종류는 자랍니다. 지금까지는 에스키모 등 원주민이 순록 유목이나 여우, 바다표범 등을 수렵하며 살아가는 정도였습니다. 그러나 최근에 이르러 북극 지방의 중요성이 아주 커지고 있습니다. 북극을 가로질러 비행하면 시간을 훨

씬 절약할 수 있거든요.

실제 지구는 평평한 모양이 아니라 둥근 공 모양이지요. 그래서 실제 두 지역을 잇는 가장 짧은 거리가 평면의 지도상에서는 빙 둘러가는 것처럼 보이는 거예요. 한국에서 미국 시카고로 갈 때에는 북극을 지나가는데, 빙 돌아가는 것보다 비행 시간을 훨씬 줄일 수 있답니다.

만약 믿어지지 않는다면 간단한 실험을 가르쳐 드릴게요. 집에 있는 지구본을 하나 가져와서 한국과 시카고까지의 지점을 북극을 지나서 한 번, 그리고 북극을 지나지 말고 또 한 번 그렇게 실로 이어 보세요. 그런 다음 그 실의 길이를 재어 보면 북극을 지나감으로써 얼마나 거리를 줄일 수 있는지 알 수 있답니다.

2) 빙설 기후 : 1년 내내 눈과 얼음으로 덮여 있습니다. 너

무나 추워서 사람들은 살 수 없고 펭귄이나 다른 남극 동물들 만 살았지요. 그러나 최근 들어 극지방에 대한 관심이 높아 지면서 미국 · 러시아 등 여러 나라에서 기지를 설치하고 탐험과 학술 조사를 진행하고 있습니다. 한국의 세종 기지도 남극에 설치되어 있습니다.

만화로 본문 읽기

매일 이렇게 따뜻했으면 좋겠다. 선생님, 항상 따뜻한 곳도 있나요?
네, 적도 부근의 열대 기후 지역이지요. 보통 연평균 기온은 20℃이고, 가장 추운 달의 평균 기온이 18℃ 이상인 지역을 말해요.

그럼 우리나라의 기후는 뭐라고 하나요?
온대 기후라고 합니다. 사계절이 뚜렷하고 중위도이다 보니 저위도 · 고위도 지방에 열대 · 한대 기단의 작용을 받아 기온의 변화가 심한 것이 특징입니다.

그럼 사막 지대는 어떤 기후인요?
비가 내리는 양이 비가 증발하는 양보다 적어 나무와 풀이 자라기 힘든 기후대를 건조 기후라고 하는데, 보통 이런 곳에 초원이나 사막이 생긴답니다.

그 밖에 다른 기후대가 있나요?
냉대 기후가 있는데, 북반구 북부의 대륙에서만 나타나는 기후입니다. 겨울에는 몹시 춥고, 일정 기간 눈이 계속 내립니다. 하지만 여름이 짧아도 온도가 높은 편입니다.

한대 기후도 있는데, 남극이나 북극처럼 일 년 내내 얼음이나 눈에 덮여 있어 풀이나 나무가 자랄 수 없는 기후입니다. 가장 따뜻한 달의 기온이 10℃랍니다.
그런 곳에서는 살기 싫어요.

하지만 요즘에는 극지방에 대한 관심이 높아지면서 여러 나라에서 기지를 두고 탐험과 학술 조사를 진행하고 있습니다. 한국의 세종 기지도 남극에 설치되어 있습니다.
세종

여섯 번째 수업

6

남극과 북극의 차이점

남극과 북극 중 어느 곳이 더 추울까요?
남극과 북극의 기온과 그곳에서 서식하는 생물에 대해 알아봅시다.

6

여섯 번째 수업

남극과 북극의 차이점

교. 과. 연. 계.	고등 지학 II	2. 대기의 운동과 순환

빈이 극지방에 대하여 여섯 번째 수업을 시작했다.

사람이 도저히 살기 힘들다던 한대 기후 지역, 특히 남극과 북극을 사람들은 계속해서 찾아가고 있습니다. 사람들은 왜 이렇게 춥고 불편한 지역에 계속 관심을 갖는 걸까요?

이번 수업 시간에는 남극과 북극에 대해 이야기해 봅시다.

남극과 북극은 어느 쪽이 더 추울까요?

여러분은 대부분 남극이나 북극을 텔레비전이나 책 속에

서만 보았을 것입니다. 끝없이 펼쳐진 하얀 설원과 높은 빙산들을 보며 우리는 극지방을 아주 신비롭고 경이로운 곳으로 생각했을 겁니다. 극지방이 정확히 어떤 곳인지, 어떤 특징을 지녔는지는 잘 알지 못하기 때문에 우리는 두 지역이 아주 비슷하다고 생각하기 쉽습니다. 그러나 남극과 북극은 서로 비슷한 점보다는 다른 점이 더 많은 곳이랍니다.

위치상으로 북위 66° 33′ 선을 북극권이라 하고, 그곳에서부터 북쪽을 향하여 북극점까지를 북극 지방이라고 합니다. 또, 남위 66° 33′ 선을 남극권이라고 하고, 그곳에서부터 남쪽을 향하여 남극점까지를 남극 지방이라고 부르지요. 지구의 구조상으로 볼 때, 적도에서 북쪽으로 혹은 남쪽으로 떨어져 있으며 있을수록 겨울밤의 길이와 여름 낮의 길이가 길어집니다.

북극과 남극은 겨울에 태양이 전혀 보이지 않는 날, 즉 하루 종일 밤이 계속되는 날이 최소한 하루 이상 있고, 여름에 태양이 전혀 지지 않는 날, 즉 하루 종일 낮만 계속되는 날이 최소한 하루 이상 있습니다. 북극이나 남극에 가까워질수록 겨울에는 밤이 길어지고 여름에는 낮이 길어집니다.

북극 지방이나 남극 지방의 여름에는 아주 재미있는 광경이 펼쳐집니다. 밤이 되어도 태양이 지평선 아래로 완전히 모습을 감추지 않기 때문에 저녁 무렵 오랫동안 어슴푸레한 상태가 계속됩니다. 그리고 밤이 짧기 때문에 저녁 무렵의 어슴푸레한 상태가 계속되다 그만 날이 밝아 버리는 일도 생기지요. 결국 우리가 알고 있는 캄캄한 밤을 볼 수 없게

되는 겁니다. 이렇듯 밤에 어두워지지 않는 현상을 백야라고 합니다.

그럼 이제부터 남극과 북극의 차이점에 대해 알아볼까요?

북극의 얼음은 눈이 쌓인 것이 아니라, 온도가 낮아 바다가 얼어서 생긴 얼음입니다. 이것을 바닷물이 얼어서 생긴 얼음이라는 뜻으로 해빙(海氷)이라고 합니다. 북극해의 겨울 평균 기온은 −30℃ 정도이고, 여름에는 10℃ 정도까지 상승하지요. 북극은 남극에 비해서 기후 조건이 좋고 육지와 가까워서 수천 년 전부터 사람이 정착해 왔습니다.

북극이 바다인 것과 달리, 남극은 하나의 커다란 땅덩어리입니다. 그 크기가 한반도 땅덩어리의 60여 배가 넘는 거대한 대륙이지요. 남극은 연평균 기온이 −20℃ 아래로 몹시 춥습니다.

남극의 눈바람은 악명 높기로 유명하지요. 어떤 이는 이 눈바람이 남극을 남극답게 하는 것이라고도 합니다. 그러나 블리자드(blizzard)라고 부르는 남극의 눈바람을 겪어 본 사람은 너나없이 고개를 설레설레 젓는답니다. 영국의 남극 탐험대장 스콧이 얼어 죽으면서 쓴 일기의 내용은 남극의 눈바람이 얼마나 혹독한 것인가를 여실히 보여 주지요.

어제도, 오늘도 우리는 20km 전방의 식량 저장 창고로 출발할 준비가 되어 있었다. 그러나 텐트 밖은 하루도 거르지 않고 눈바람이 거세게 불고 있다. 텐트 밖으로 나간다는 건 상상조차 할 수 없는 일이다. 그 탓에 이제 우리는 실낱 같은 희망조차 기대하지 않는다. 우리의 몸은 하루가 다르게 쇠약해지고 있다. 최후가 그리 멀지 않은 듯싶다.

신이시여, 우리를 돌봐 주소서.

남극의 얼음은 거의 빙산(氷山)과 같습니다. 남극의 얼음 중에는 높이가 무려 4,000m를 넘는 것도 있답니다. 북극의 얼음이 10m를 넘지 않는 것과는 비교가 되지 않습니다. 남극의 얼음이 이처럼 높고 두꺼운 것은 바닷물이 얼어서 생긴 얼음이 아니라, 땅 위에 눈이 오랫동안 쌓여서 생긴 것이기

때문입니다.

남극이 남극해, 즉 바다로 둘러싸여 있다고 해서 '섬'이라고 생각하면 안 됩니다. 남극은 전 세계 육지 면적의 9.2%를 차지하고 있으며, 다른 대륙에 있는 일반적인 자연 요소들을 다 가지고 있습니다. 예를 들면 활화산, 온천, 지진, 지하 자원 등이 아주 풍부합니다. 남극은 얼음으로 덮여 있을 뿐이지 여느 다른 대륙과 다를 것이 없다는 뜻이지요.

반면 북극은 유라시아 대륙과 북아메리카 대륙으로 둘러싸인 넓은 바다입니다. 이를 북극해라고 합니다. 이 북극해는 북아메리카, 아시아, 유럽의 북쪽 끝이 그 주변을 빙 둘러싸고 있지요. 그러므로 땅 위에 눈과 얼음이 쌓여 있는 곳이 남극이고, 바닷물이 언 곳은 북극이라고 할 수 있어요. 그러므로 남극 대륙이라는 말은 옳지만, 북극 대륙이라는 말은 옳지 않습니다. 두 지방의 기온은 다 낮지만, 남극이 북극보다 더 낮습니다.

세계에서 가장 낮은 온도인 −89.6℃가 1983년 7월 21일 남극의 러시아 보스토크 기지에서 기록되었습니다. 그 반면 북극에서 관측된 가장 낮은 온도는 −70℃ 정도였습니다. 남극이 약 19℃ 정도 더 낮게 측정된 것입니다.

남극이 북극보다 더 추운 이유는 남극은 대륙성 기후이고,

북극은 해양성 기후이기 때문에 남극이 북극에 비해 기온차가 크기 때문입니다. 그리고 북극은 대륙이 아니라 바다입니다. 북극의 바다는 열을 흡수하고 저장하는 역할을 해 주지만, 남극 대륙에 쌓인 눈과 얼음은 햇빛을 반사합니다. 그런 이유로 남극은 북극보다 더 춥습니다.

남극에는 남극에만 사는 고유한 생물이 있습니다. 남극의 연평균 온도는 −23℃로 나무는 전혀 살 수 없고, 꽃이 피는 식물로는 남극 잔디를 포함한 2종류만이 있습니다. 남극 잔디는 한여름에 확대경으로 봐야 보일 정도의 작은 꽃을 피웁니다. 그러나 이끼류는 꽤 발달해 있습니다. 눈 위에는 붉은 색깔의 눈 조류가 자라고, 바다가 얼 때는 얼음 아래에 연갈색의 얼음 조류가 자랍니다.

남극에 있는 대부분의 식물은 이끼 종류의 지의류로, 자라

는 속도가 아주 느려 100년에 1cm 정도 자란다고 합니다. 남극에 있는 어떤 지의류는 수천 년 내내 자라고 있는 것도 있습니다. 대부분의 지의류는 연갈색으로, 한여름 기지 주변은 연갈색 카펫을 깔아 놓은 것처럼 아름다워서 보는 이의 시선을 끌곤 하지요. 그리고 무리를 지어 다니는 펭귄도 볼 수 있지요.

이끼류가 고작인 남극에 비해 북극은 여름에 기온이 올라가고 여러 종류의 아름다운 꽃이 핍니다. 그리고 곤충과 새들도 많이 날아다닙니다. 그러나 북극의 여름은 겨우 2~3주밖에 안 되기 때문에 그 시기에는 많은 여우, 눈토끼, 북극곰 등을 자주 볼 수 있습니다. 북극에는 북극곰과 에스키모가 있지만, 남극에는 곰이 없고 사람들도 연구 목적으로 온 사람

들만 있을 뿐입니다.

흔히 남극 또는 북극을 6개월은 낮, 6개월은 밤인 것으로 잘못 알고 있는 경우가 많습니다. 그러나 이것은 극점에서만 가능한 이야기입니다. 즉, 남위 66° 33′의 남쪽으로 가거나 북위 66° 33′의 북쪽으로 가면 하루 24시간이 낮이거나 밤인 날이 생깁니다. 그 길이의 정도는 남쪽이나 북쪽으로 갈수록 더 심해집니다. 예를 들면 남위 78° 지역에서는 4월 하순부터 8월 하순까지 4개월 동안은 밤만 계속되고, 11월부터 다음해 2월 말까지 약 4개월 동안은 낮만 계속됩니다. 북극은 당연히 이와 반대의 현상이 일어나겠지요.

만화로 본문 읽기

남극과 북극 중에서 어디가 더 추울까?
글쎄…, 어디가 더 춥지?

빈 선생님, 남극과 북극 중에서 어디가 더 춥나요?
둘이서 퀴즈 놀이를 하고 있었나 보군요.
빈 선생님에게 물어보는 건 반칙이야.

선생님이 자세하게 설명해 주세요.
네, 문제가 헷갈려서요.
일단 북극과 남극의 차이를 알아야 합니다. 북극의 얼음은 눈이 쌓인 것이 아니라 온도가 낮아 바다가 얼어서 생긴 얼음이랍니다.

반면 남극은 하나의 커다란 땅덩어리입니다. 그 크기가 한반도 땅덩어리의 60여 배가 넘는 거대한 대륙이지요. 남극은 연평균 기온이 −20℃ 아래로, 몹시 춥습니다.
아으~ 추워~

두 지방의 기온은 다 낮지만 남극이 북극보다 더 낮습니다. 남극은 대륙성 기후인 데 반해, 북극은 해양성 기후로 남극이 북극에 비해 기온차가 크기 때문입니다.
내가 자네보다 훨씬 더 춥다네. 형제!
왜냐하면 난 대륙성 기후이고 자넨 해양성 기후거든.
북극
남극
알아!

그럼 정답은 남극이군요.
맞아요. 좀 더 설명하자면 북극의 바다는 열을 흡수하고 저장하는 역할을 해 주지만, 남극 대륙에 쌓인 눈과 얼음은 햇빛을 반사합니다. 그런 이유로 남극은 북극보다 더 춥습니다.

일곱 번째 수업

7

기후와 사람

기후는 우리 생활에 어떤 영향을 끼칠까요?
기후에 따른 사람의 외모와 성격, 그리고 문화의 다양성에 대해 알아봅시다.

7

일곱 번째 수업

기후와 사람

교.
과.
연.
계.

초등 과학 3-1	4. 날씨와 우리 생활
중등 과학 3	4. 물의 순환과 날씨 변화
고등 과학 1	5. 지구
고등 지학 Ⅰ	2. 살아 있는 지구

빈이 기후가 사람에게 어떤 영향을 미치는지에 관한 주제로 일곱 번째 수업을 시작했다.

기후는 우리 생활에 많은 영향을 끼칩니다. 각 기후에 따라 인간의 체격, 체질 등이 다양하게 나타나고 심리, 성격, 지능의 발달 등에도 적지 않은 영향을 줍니다.

인간은 아주 뛰어난 적응력을 지니고 있습니다. 물론 기후에 대해서도 마찬가지입니다. 그렇기 때문에 우리는 무더운 열대와 차디찬 한대에서도 살아갈 수 있는 것입니다.

한랭한 기후 지역에 적응하다 보면 우선 물질 대사의 수준이 높아집니다. 예를 들어 추운 북극에 사는 에스키모는 체온이 보통 사람과 같은 36.5℃ 정도이지만, 기초 대사는 보통

사람들보다 15~30%나 더 활발한 것으로 나타났습니다. 또, 손과 발에 흐르는 혈액의 양도 50~70% 더 많아서 추위를 효과적으로 이겨 낼 수 있고, 피부가 언 후에 다시 원래 상태로 회복되는 속도도 매우 빠르다고 합니다.

또한, 열대 기후에 사는 사람들은 한대 기후에 사는 사람들과 다릅니다. 고온 다습한 열대 기후에 사는 사람들은 기초대사가 일반인에 비해 10~15% 정도 낮습니다. 게다가 땀의 지방산 함유량이 증가해서 땀방울이 우리처럼 방울방울 맺히는 것이 아니라 마치 막처럼 생깁니다. 그렇게 되면 증발이 더욱 쉽게 됩니다. 실제로 열대 지방에 사는 사람들은 땀샘의 수가 추운 지방의 사람들보다 많습니다. 땀샘의 수가 많으면 그만큼 땀을 흘리게 되어 체온이 높아지는 것을 방지할 수 있습니다.

북쪽의 추운 지방에 사는 북유럽인은 창백할 정도의 하얀 피부와 연한 금발 머리카락을 갖고 있습니다. 이는 모발과 피부에 색소가 적기 때문이지요. 그리고 대부분 키가 큰 편입니다. 그러나 이에 비해 따뜻하고 습기 많은 지중해 부근에 사는 유럽인들은 피부와 모발의 색이 짙고 가무잡잡합니다. 같은 백인임에도 불구하고 얼굴의 특징이 많이 다른 것은 기후와 관련이 있습니다. 북유럽인의 피부색이 흰 것은 그 지방에 적은 자외선을 흡수하기 좋도록 하기 위함이고, 키가 큰 것은 신체의 표면적을 적게 하여 열의 방출을 줄이기 위함입니다.

열대 기후 기방에 살고 있는 흑색 인종들은 피부색이 짙고 더위에 잘 견딥니다. 그런데 같은 흑색 인종이라도 초원이나 고원에 사는 수단 인이나 나일 인은 키가 크고, 삼림에 사는 기니아 인이나 콩고 인은 키가 작습니다.

사람의 몸에 나는 털도 기후에 영향을 받습니다. 북유럽인이나 아이누 등 추운 곳에 사는 인종일수록 털이 많고, 따뜻한 곳에 사는 인종일수록 털이 적은 경향이 있습니다.

코의 형태도 온도와 밀접한 관계가 있습니다. 코의 중요한

역할 중 하나는 들이마신 공기의 온도와 습도를 폐에 도착하기 전에 높여 주는 것입니다. 그래서 들이마시는 공기가 차고 건조할수록 콧구멍이 길쭉하며 코가 높고 날카롭게 변해 가는 것입니다. 반면에 따뜻한 곳에 사는 사람은 코가 높아질 이유가 없었습니다. 실제로 추운 곳에 사는 북유럽인들은 코가 높고 뾰족하지만 더운 곳에 사는 니그로나 멜라네시아인 등은 코가 낮고 넓적합니다. 그러나 이러한 적응은 아주 오랜 시간에 걸쳐 천천히 이루어집니다.

인도의 카스테스 족이 더운 인도에 살면서도 코가 높고 좁은 것은 북방에서 옮겨 온 지 얼마 되지 않아 아직 적응이 이루어지지 않았기 때문입니다.

기후는 사람의 성격에도 영향을 미칩니다. 기후는 사회를 구성하는 사람들의 성격과 그 사회의 문화, 나아가 독특한 국민성의 형성에 영향을 줍니다. 이를테면 남쪽 지방에 사는 사람들은 일반적으로 밝고 명랑하지만 다소 느긋하고 게으른 경향이 있습니다. 반면 북쪽 사람들은 약간 무뚝뚝하고 어두워 보이지만 끈기 있고 참을성이 강한 편입니다.

이처럼 북방 인과 남방 인의 성격이 다른 것은 일사량의 차이 때문이라고 볼 수 있습니다. 남쪽은 북쪽보다 햇볕이 강하고 밝기 때문에 사람들의 성격도 명랑하고 밝은 성향을 띠며, 야외에서의 생활이 많다 보니 활동적입니다. 그러나 온난한 기후가 지배적인 지방은 농작물이 풍족하여 사람들이 다소 게으른 경향이 있습니다.

기후에 따라 사람들이 종사하는 일도 다릅니다. 가령 날씨가 화창하고 증발량이 많은 곳에서는 바닷물을 햇볕과 바람에 증발시켜 만든 소금인 천일염이 주로 생산되고, 공기가 맑고 먼지가 적은 스위스의 산골짜기에서 조금의 오차나 이물질이 들어가는 것을 허용하지 않는 정밀 시계 공업이 발달한 것도 기후 조건의 영향 때문이라고 볼 수 있습니다.

만화로 본문 읽기

여기도 이렇게 추운데, 북극에 사는 에스키모는 얼마나 추울까요?
에스키모는 체온이 보통 사람과 같은 36.5℃지만 기초 대사는 보통 사람들보다 15~30%나 더 활발해요.

또 손과 발에 흐르는 혈액 양도 50~70% 더 많아 추위를 잘 이겨낼 수 있고, 피부가 언 후에 다시 회복되는 속도도 매우 빠르답니다.
에스키모는 추위에 잘 견딜 수 있는 체질이군요.
아 시원하다
옷을 이렇게 껴입어도 추운데~
에스키모인
일반인

네. 반면에 열대 기후에 사는 사람들은 기초 대사가 일반인에 비해 10~15% 정도 낮지요. 게다가 땀샘의 수가 많고 땀도 많이 흘려서 체온이 높아지는 것을 방지할 수 있지요.
에스키모와 열대 기후 사람들은 체질이 정반대군요.
우리는 추위에 강해!
우리는 열에 강해!
에스키모인
열대 기후 흑인종

또 다른 특징들은 뭐가 더 있나요?
북쪽에 사는 북유럽인은 모발과 피부에 색소가 적어 창백할 정도의 하얀 피부와 연한 금발 머리카락을 갖고 있지요. 그리고 대부분 키가 큰 편이에요.
하얀 피부
멋진 금발
큰 키

그러나 따뜻하고 습기 많은 지중해 부근에 사는 유럽인들은 피부와 모발의 색이 짙고 가무잡잡하지요.
기후 때문에 같은 백인인데도 외모의 특징이 다르군요.
북유럽인
지중해 부근의 유럽인

맞아요. 북유럽인의 피부색이 흰 것은 적은 자외선을 흡수하기 좋도록 하기 위함이고, 키가 큰 것은 신체의 표면적을 적게 해서 열 방출을 줄이기 위함이에요.
기후에 따라서 사람의 체질이나 체격 등이 다양하게 나타나는군요.
자외선 흡수
열 방출을 줄임

여 덟 번 째 수 업

8

다양한 기후

지구상에는 다양한 기후가 존재합니다.
기후를 변화시키는 요인은 무엇일까요?

8

여덟 번째 수업

다양한 기후

교. 고등 지학 I 2. 살아 있는 지구
과. 고등 지학 II 2. 대기의 운동과 순환
연.
계.

빈이 지구상에 나타나는
다양한 기후에 대한 주제로
여덟 번째 수업을 시작했다.

우리가 살고 있는 지구에는 다양한 기후가 있습니다. 과거 수십만 년 동안 지구에는 여러 차례의 빙하기와 간빙기가 연속적으로 나타났습니다.

매서운 추위의 빙하기에는 빙하와 눈이 지구의 많은 부분을 차지하였고, 그 얼음이 녹았던 간빙기에는 열대 우림이 지금보다 훨씬 넓게 퍼져 있었습니다. 우리 인류의 문명도 이와 같은 기후의 영향으로 발달하기도 하고 사그라지기도 했습니다.

지구에 기후 변화가 일어나는 원인은 크게 2가지로 생각해

볼 수 있습니다. 하나는 천문학적 요인이고, 다른 하나는 온실 기체로 인한 요인입니다.

이번 수업에서는 천문학적 요인에 대해 자세히 알아봅시다.

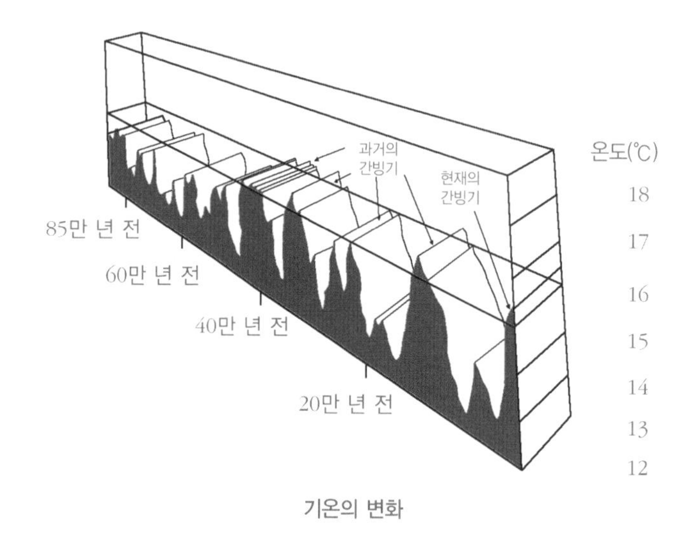

기온의 변화

지구상에 기후와 계절을 만드는 가장 중요한 요소 중의 하나가 바로 태양입니다. 태양이 일으키는 현상 중에 특히 재미있는 것은 바로 흑점입니다. 흑점은 태양에서 강한 자기장이 형성된 부분으로, 강한 자기장에 의해 대류권의 에너지 흐름이 방해를 받아 태양의 다른 부분보다 온도가 낮아져서 마치 검은 점처럼 어둡게 보이는 지점을 말합니다. 흑점의 크기는 망원경으로 간신히 관찰할 수 있는 정도의 매우 작은 것에서부터 지름이 수십만 km나 되는 큰 것까지 다양합니다.

흑점의 활동은 지구의 기후에 많은 영향을 미치는 것으로 알려져 있습니다. 흑점의 활동이 활발해지면서 지구의 기온이 낮아졌기 때문에 과거 지구의 빙하기도 이와 관계가 있을 것이라고 주장하는 과학자도 있지요.

흑점은 약 11년의 증감의 주기를 가지고 있습니다. 그러나 이 태양 활동의 변화는 그 주기가 비교적 짧고 이 주기 동안 지구로 들어오는 태양 에너지 양의 변화가 0.07%에 불과하기 때문에, 지금 우리가 우려하고 있는 지구 온난화에는 큰 영향을 미치지 않는 것으로 알려져 있습니다.

다음으로 기후 변화와 관련된 천문학적 요인은 지구 자전축의 변화와 관계가 있습니다. 지구는 공전축을 따라 1만 9,000~2만 3,000년 주기로 팽이처럼 원을 그리며 회전하고 있습니다. 타원 궤도를 따라 태양 주위를 공전하는 지구는 북반구 여름철에 태양에서 가장 멀고, 북반구 겨울철에 가장 가깝습니다. 그러나 약 1만 1,000년 전에는 이와 반대로 북반구 여름철에 가장 가까웠고, 북반구 겨울철에 가장 멀었습니다.

약 1만 1,000년 전에는 현재와 반대로 북반구에 더 많은 태양 에너지가 들어왔을 것입니다. 따라서 북반구에서의 기후

에 따른 계절 변화는 지금보다는 훨씬 더 컸을 것이라는 사실을 알 수 있습니다.

기후 변화의 요인 중 지구 자전축에 관련된 두 번째 요인은 계절 변화의 주요인인 지구 공전 축에 대한 지축의 기울기입니다. 지축의 기울기가 23.5°인 것을 고려할 때, 지축의 기울기가 작을 때는 계절의 변화가 상대적으로 작을 것입니다. 지구의 자전축은 약 4만 년을 주기로 21.75~24.25°로 변하는데, 자전축의 기울기가 클수록 계절의 변화는 더욱 커집니다.

마지막 요인은 지구의 공전 궤도의 변화입니다. 지구의 공전 궤도는 약 10만 년 주기로 거의 완전한 원에서 타원으로 변했다가 다시 원래대로 돌아갑니다. 이 사이에 변하는 태양과 지구 사이의 거리는 약 1,800만 km 이상이나 벌어집니다. 따라서 빛을 받는 양은 당연히 차이가 나겠지요. 지구의 공전 궤도가 원일 때보다 타원일 때 기후의 변화는 훨씬 클 것입니다.

그 외의 요인들로는 화산재, 먼지 등이 있습니다. 먼지나 화산재 등 자연적 이물질이 대기 중에 많이 떠다니면 태양 광이 들어오는 것을 방해하기 때문에 지구의 온도가 점점 차가워지게 됩니다. 그러나 이산화탄소, 메탄, 수증기 등이 증가하게 되면 온실 효과로 인해 지구의 온도가 더 올라가지요.

어느 특정한 달에 기후를 구성하는 요소들이 30년 동안의 평균값과 큰 차이가 날 때, 이를 이상 기후 또는 기상 이변이라 합니다. 이상 기후 현상이 빈번해지면 기후가 변했다고 볼 수 있습니다.

기후 변동에 따른 해수면의 변화도 중요한 요인 중의 하나입니다. 지구의 기온이 온실 효과로 인해 높아지면 대륙의 빙하를 녹이게 됩니다. 이렇게 녹은 빙하의 물들이 바다로 흘러들어 가기 때문에 해수면이 높아집니다.

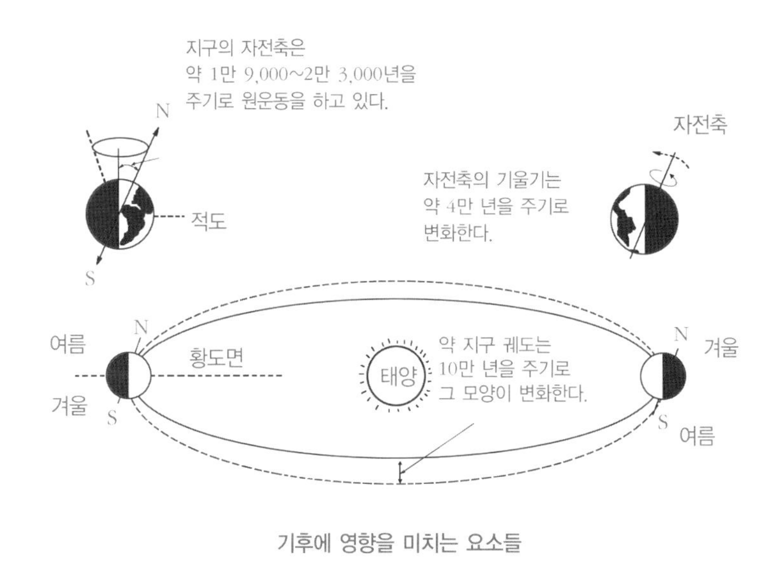

기후에 영향을 미치는 요소들

이렇게 다양한 이유로 기후는 변하지만 오늘날 기후를 변하게 하는 가장 큰 원인은 인간에게 있습니다.

다음 수업에서 그에 대한 이야기를 나누도록 하지요.

과학자의 비밀노트

기후 변화

기후 변화란 현재의 기후계가 자연적인 요인과 인위적인 요인에 의해 점차 변화하는 것을 말한다. 자연적 요인에는 대기, 해양, 육지, 설빙, 생물권 자신의 내적 요인 외에, 화산 분화에 의한 성층권의 에어로졸(부유 미립자) 증가, 태양 활동의 변화, 태양과 지구의 천문학적 상대 위치 관계 등의 외적 요인이 있다. 인위적 요인에는 화석 연료 과다 사용에 따른 이산화탄소 등 대기 조성의 변화(온실 효과에 의한 지구 온난화), 인위적인 에어로졸에 의한 태양 복사의 반사와 구름의 광학적 성질의 변화(산란 효과에 의한 지구 냉각화), 과잉 토지 이용이나 장작과 숯 채취 등에 의한 토지 피복의 변화 등이 있다. 또 국지적으로는 인공열 등에 의한 도시 기후의 변화 등도 문제가 된다.

만화로 본문 읽기

선생님, 옛날에는 지금과 기후가 달랐었나 봐요?
네, 과거에는 여러 차례의 빙하기와 간빙기가 연속적으로 나타났었지요.

빙하기에는 빙하와 눈 때문에 추웠고, 간빙기에는 얼음이 녹아 열대우림이 넓게 퍼져 있었죠.
지구에 기후 변화가 일어나는 원인은 뭔가요?
현재의 간빙기
과거의 간빙기
18
17
16
15
14
°C
60만 년 전
40만 년 전
20만 년 전

천문학적 요인과 온실 기체로 인한 요인이 있어요. 천문학적 이유 중 먼저 태양의 흑점의 활동을 들 수 있는데, 이것은 지구 온난화에는 큰 영향을 미치지 않는 것으로 알려졌지요.
그렇군요.
흑점

다음으로 지구 자전축의 변화와 지구 공전축에 대한 자전축의 기울기 변화를 들 수 있어요.
자전과 공전에 관련한 부분도 계절 변화의 주요 원인이군요.
N
S
적도
지구 자전축은 약 1만 9,000년~2만 3,000년을 주기로 원운동을 하고 있다. 자전축의 기울기는 약 4만 년을 주기로 변화한다.

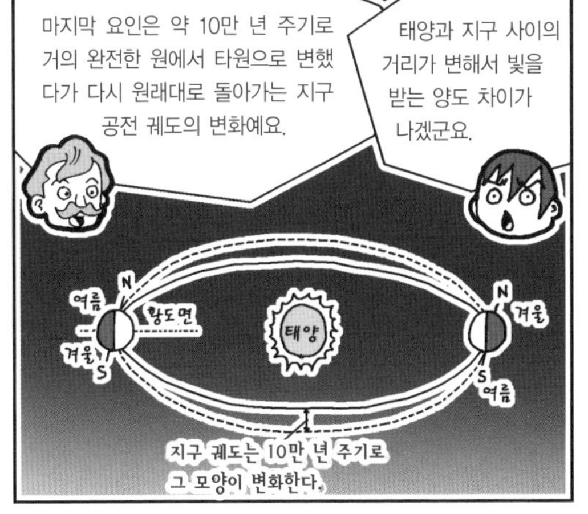

마지막 요인은 약 10만 년 주기로 거의 완전한 원에서 타원으로 변했다가 다시 원래대로 돌아가는 지구 공전 궤도의 변화예요.
태양과 지구 사이의 거리가 변해서 빛을 받는 양도 차이가 나겠군요.
여름
겨울
N
S
황도면
태양
N
겨울
S
여름
지구 궤도는 10만 년 주기로 그 모양이 변화한다.

그 밖에는 또 없나요?
그 외에 화산재, 먼지 등이 태양 빛을 가려 지구 온도가 점점 내려가지요. 그러나 이산화탄소, 메탄, 수증기 등이 증가하게 되면 지구의 온도가 더 올라간답니다.
햇빛
온도 하강
우리가 있으면 지구의 온도가 올라가
수증기
이산화탄소
메탄

아 홉 번 째 수 업

9

지구가 더워지고 있어요

지구의 기온이 갈수록 더 빠른 속도로 높아지고 있습니다.
지구 온난화 현상의 원인에 대해 알아봅시다.

9

아홉 번째 수업

지구가 더워지고 있어요

교. 과. 연. 계.

고등 과학 1	6. 환경
고등 지학 I	2. 살아 있는 지구
고등 지학 II	2. 대기의 운동과 순환

빈이 인간들에 의한
기후 변화를 주제로
아홉 번째 수업을 시작했다.

얼마 전 뉴스에서 북극곰이 물에 빠져 떼죽음을 당했다는 소식을 접한 적이 있습니다. 북극곰은 수영을 아주 잘하는 동물인데 왜 물에 빠져 죽었을까요?

그 이유는 바로 빙하가 녹았기 때문입니다. 지구의 온도가 점차 올라가면서 북극의 빙하가 녹기 시작했고, 이 빙하에서 저 빙하로 수영을 해서 이동하는 북극곰의 수영 거리가 점점 더 멀어졌습니다. 아무리 수영을 잘하는 북극곰이라도 먼 거리를 헤엄치다 보면 힘이 빠지고, 그러다 물에 빠져 죽게 된 것이었지요. 이것은 지구의 이상 기후 현상에 관한 하나의

작은 예일 뿐입니다.

최근 들어 지구 온난화가 전 세계인의 관심을 끌고 있는 이유는 무엇일까요? 그 이유는 온실 기체 증가에 의한 지구 온난화가 수천수만 년에 걸쳐서 천천히 진행되는 변화가 아니라는 데 있습니다. 과거에 자연스럽게 일어나던 대기 변화보다 그 진행이 훨씬 빠르다는 것에 사람들은 걱정하고 있는 것입니다.

온실 효과

온실 효과란 수증기, 이산화탄소, 메탄, 아산화질소와 같은 대기 중의 성분들이 온실의 유리와 같은 작용을 하는 것을 말합니다. 유리로 덮여 있는 온실 내부의 열은 밖으로 빠져나가지 않잖아요. 마치 온실처럼 지표면이 방출하는 지구 복사의 일부를 다시 지면으로 보냄으로써 지표면과 대류권의 온도를 높이는 것입니다. 이런 온실 효과를 일으키는 가스를 온실 가스라고 합니다.

이러한 온실 효과에 의해 그동안 지구는 얼마나 따뜻해졌을까요?

지난 100년 동안 지구의 평균 온도는 약 0.6℃ 상승했습니다. 그리고 지난 1,000년 중 20세기에 온도 상승이 가장 높았고, 지난 100년 중 1990년대가 가장 따뜻해졌습니다. 학자들은 2100년까지 지구 평균 온도가 1.4~5.8℃ 상승하고, 해수면은 9~88cm 정도 높아질 것으로 보았습니다.

왜 이런 현상이 일어나고 있을까요? 지구의 대기권과 지표는 태양 광선의 약 30%를 외계로 되돌려 보내고, 지구 대기권에서는 약 25% 정도만 흡수합니다. 그래서 지구로 들어오는 태양 에너지의 절반 정도가 지구 표면에 도달합니다.

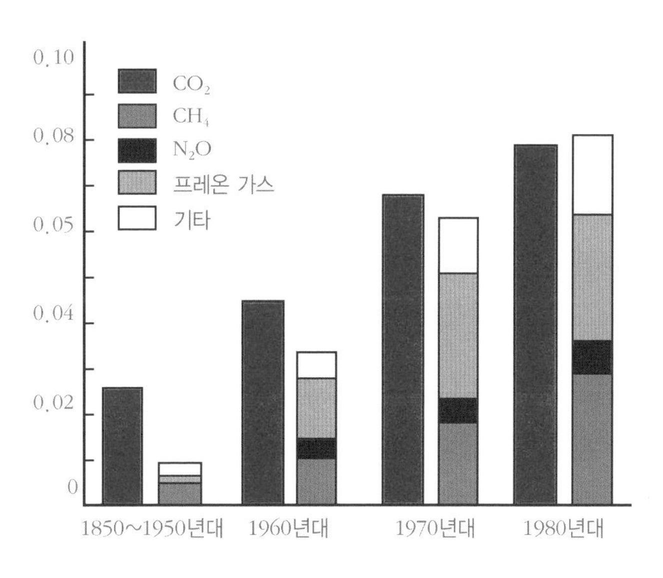

온실 효과에 의한 기온 상승(℃)

반면 모든 물체가 복사 에너지를 방출하듯 지표도 복사 에너지를 바깥으로 내보냅니다. 그러면 온실 기체는 바깥으로 내보내는 복사열을 선택, 흡수하여 자신의 온도의 네 제곱에 비례하여 외계로 방출하는 동시에 지구 표면으로 되돌려 보냅니다. 그러나 지나치게 증가한 온실 기체는 우주 공간으로 방출되어야 할 열에너지를 대기권 내에 가둬 놓습니다. 열이 나가지 못하고 갇혀 있으니 지구의 온도는 당연히 올라갈 수밖에 없지요.

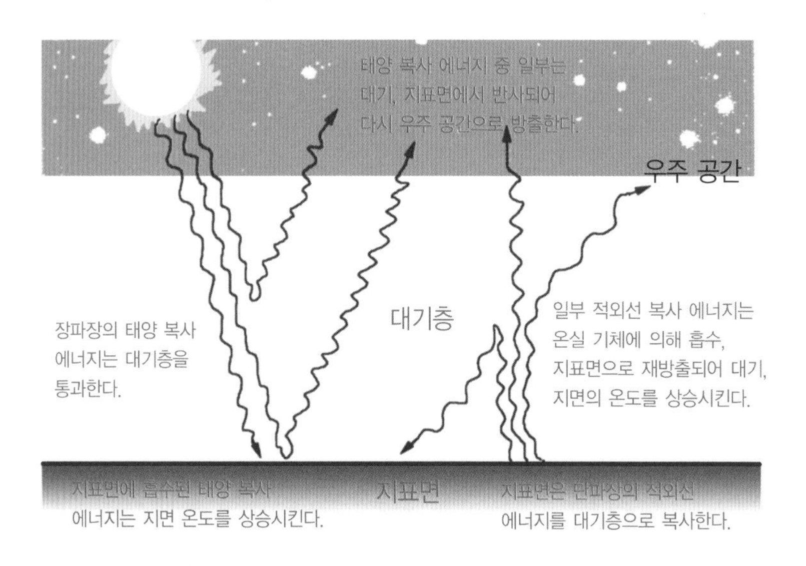

태양 복사 에너지

엘니뇨와 라니냐

엘니뇨는 원래 매년 크리스마스경이 되면 남미 페루 연안의 바닷물 온도가 올라가는 계절적 현상을 부르는 말이었습니다. 바닷물의 온도가 올라가면 비가 많이 내리고, 물고기 떼가 연안 지역에서 다른 지역으로 이동하므로 어부들은 고기잡이를 할 수가 없었지요. 그래서 어부들은 고기잡이를 포기하고 가족들과 함께 크리스마스를 즐겼고, 그들은 이런 현상을 엘니뇨(에스파냐 어로 '남자아이'라는 뜻)라고 이름 지었습니다.

엘니뇨 현상은 보통 1달가량 지속되었습니다. 그러나 최근에는 겨울에만 나타나는 계절적인 현상이 아니라 수개월 이상 바닷물의 온도가 높은 상태를 유지하는 이상 기후 현상으로 변했습니다. 학자들은 열대 태평양 지역의 해수면 온도가 평년 수온보다 6개월 이상, 0.5℃ 이상 높은 경우를 엘니뇨라고 정의하고, 이와 반대로 0.5℃ 이상 낮은 경우는 라니냐(에스파냐 어로 '여자아이'라는 뜻)라고 이름 붙였습니다.

기상 이변

기상 이변이란 짧은 기간 중에 사회나 인명에 중대한 영향을 끼친 기상 현상이 발생하거나, 1개월 이상 평년과 다른 날씨 상태를 보이는 경우를 말합니다.

엘니뇨가 발생했던 1972년은 기상 이변의 해라고 불릴 정도로 각종 기상 재해가 세계 각지에서 발생했습니다. 그해 러시아는 극심한 가뭄으로 아주 심각한 흉작이 들었고, 중남미, 아프리카 서부, 인도, 중국, 호주 및 케냐 등지에도 심각한 가뭄이 들었습니다. 한국도 엘니뇨의 영향권에서 예외일 수는 없습니다. 엘니뇨가 발생한 해에는 여름철 기온이 평년보다 다소 낮게 나타나거나 비가 많이 온다는 통계적인 경향이 있으나 명확하지는 않습니다. 엘니뇨가 발생한 해의 여름철 기온이 어떤 해에는 낮게 나타나기도 하고 또 어떤 해에는 높게 나타나기도 하지요.

한국은 중위도 지방에 위치하고 있습니다. 그래서 적도 태평양뿐만 아니라 북서쪽 고위도 지방에서 흘러 들어오는 공기의 영향을 받습니다. 이것이 엘니뇨의 영향을 약화시켜 한국은 비교적 큰 피해가 없었으나 지구상에 살고 있는 한 마냥 안심하고 있을 수는 없겠지요.

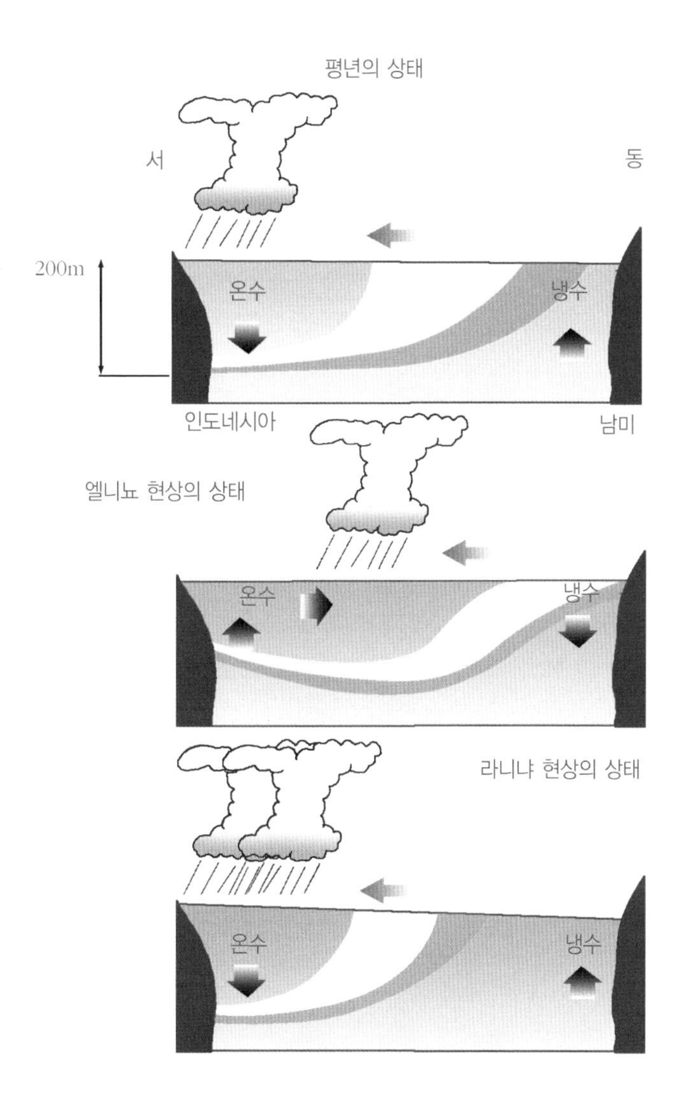

엘니뇨와 라니냐 현상

만화로 본문 읽기

지구 온난화로 북극의 빙하가 녹고 있습니다.
선생님, 지구 온난화가 전 세계인의 관심을 끌고 있는 이유는 무엇인가요?
그 이유는 지구 온난화가 수천수만 년에 걸쳐서 천천히 진행되는 자연스런 변화가 아니기 때문예요.

그렇군요. 그런데 온실 효과가 무엇인가요?
수증기, 이산화탄소, 메탄, 일산화이질소 같은 대기 중의 성분들이 온실의 유리와 같은 작용을 하는 것을 말해요.
수증기
이산화탄소
메탄
일산화이질소

유리로 덮여 있는 온실 내부의 열은 밖으로 빠져나가지 않잖아요.
그래요. 마치 온실처럼 지표면이 방출하는 지구 복사의 일부를 다시 지면으로 보냄으로써 지표면과 대류권의 온도를 높이는 것이죠.
태양 복사 에너지
지구 복사 에너지
지구 복사 에너지
온실 효과

그동안 지구는 온실 효과에 의해 얼마나 더워졌나요?
지난 1000년 중 20세기에 온도 상승이 가장 많이 이루어졌고, 지난 100년 중 1990년대가 가장 더웠어요.
0.10
0.08
0.06
0.04
0.02
CO_2
CH_4
N_2O
프레온 가스
기타
1850-1950년대
1960년대
1970년대
1980년대

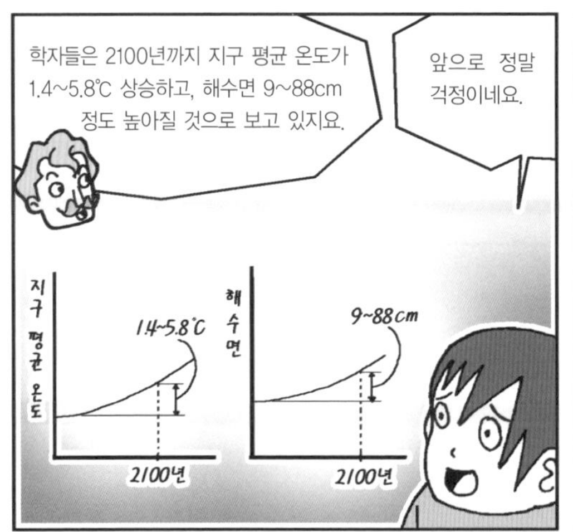

학자들은 2100년까지 지구 평균 온도가 1.4~5.8℃ 상승하고, 해수면 9~88cm 정도 높아질 것으로 보고 있지요.
앞으로 정말 걱정이네요.
지구 평균 온도
1.4~5.8℃
2100년
해수면
9~88cm
2100년

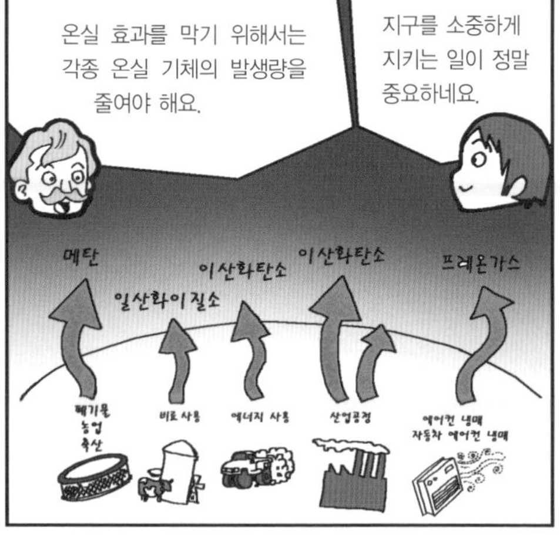

온실 효과를 막기 위해서는 각종 온실 기체의 발생량을 줄여야 해요.
지구를 소중하게 지키는 일이 정말 중요하네요.
메탄
일산화이질소
이산화탄소
이산화탄소
프레온가스
폐기물 농업 축산
비료 사용
에너지 사용
산업공정
에어컨 냉매 자동차 에어컨 냉매

마지막 수업 10

지구 온난화와 이를 막기 위한 방법들

지구 온난화는 지구의 생태계를 위협하는 무서운 현상입니다.
지구 온난화 현상의 문제점과 해결책에 대하여 알아봅시다.

10

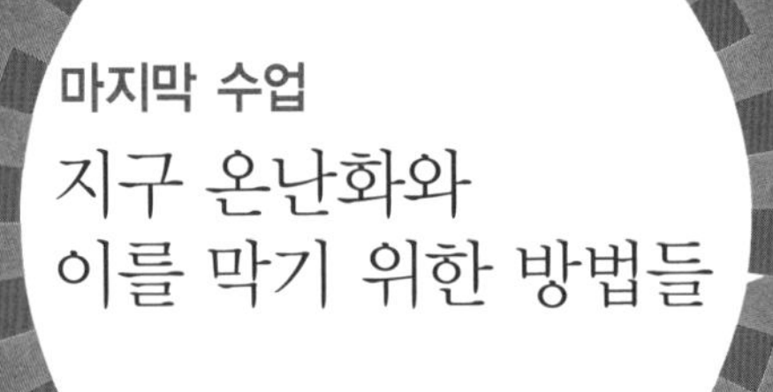

마지막 수업

지구 온난화와 이를 막기 위한 방법들

교과연계

고등 과학 1	6. 환경
고등 지학 I	2. 살아 있는 지구
고등 지학 II	2. 대기의 운동과 순환

빈이 조금은 아쉬운 표정으로 마지막 수업을 시작했다.

우리는 과학의 눈부신 발달 속에서 편리한 생활을 누렸지만 자연이 받고 있는 상처에는 관심을 기울이지 않았어요. 지금부터라도 자연의 상처를 쓰다듬어 주면서 함께 공존할 수 있는 길을 찾아야만 합니다.

지구 온난화로 인해 일어나는 문제들에도 관심을 가져야겠지요. 생태계가 빠른 속도로 파괴되어 많은 숲이 사라지고 아열대성 식물들은 점점 늘어가고 있습니다. 또한, 온난화 현상에 의해 기온이 올라가고 그로 인해 대기가 건조해지면서 사막화가 진행되고 있습니다. 따라서 천연 자원인 물도

생태계 파괴

산림 지역 소멸
식생대의 북쪽 이동
아열대성 식생 증가

수자원 고갈

대부분 지역의 물 감소
물 부족 국가인
한국의 수질 악화 우려

식량 생산의 변화

병충해와 토양, 수질 오염 심각
어수종의 변화

질병의 증가

스트레스와 질병이 2배로 증가
열대성 질병 발생 예상

점점 줄어들고 있는 실정입니다. UN이 정한 물 부족 국가인 한국도 수질이 나빠지거나 양이 줄어들 것을 우려하고 있습니다.

또한, 병충해와 토양, 수질 오염이 심각해지면서 식량 생산이 위협을 받게 되었습니다.

현대인의 문제성 질병인 스트레스성 질환이 예전에 비해 2배 이상 늘어났고, 새로운 열대성 질병이 속속 생겨나고 있습니다.

극지방의 얼음이 녹아 해수면이 높아짐에 따라 극지방의 동물들이 생존의 위협을 받고 있습니다.

사계절의 뚜렷한 변화와 계절적 특성이 사라지고 있습니다. 봄, 여름, 가을, 겨울이 아니라 여름과 겨울만 있는 것처럼 독특한 기후의 특색을 잃어 사계절의 경계가 모호해졌습니다.

이렇게 심각한 환경 오염으로 인한 피해를 막기 위해서는 우리의 노력이 필요합니다.

우리가 할 수 있는 작은 노력들에는 어떤 것들이 있을까요?

첫째, 에너지와 자원을 아껴야 합니다. 가정 및 직장에서는 냉·난방 에너지를 절약하고, 수돗물을 아껴 쓰며, 대중 교통을 이용하는 습관을 가져야 합니다. 온실 효과를 일으키는 요소를 줄이는 것만으로도 큰 효과를 얻을 수 있습니다.

둘째, 환경 친화 상품을 사용합니다. 동일한 기능을 가진 상품이라면 환경 오염의 부담이 적은 상품, 예를 들면 에너지 효율이 높거나 폐기물 발생이 적은 상품을 선택해야 합니다.

셋째, 재활용을 생활화합니다. 온실 기체 중의 하나인 메탄은 주로 쓰레기를 처리하는 과정에서 생겨납니다. 재활용을 잘하면 쓰레기의 양이 줄어들기 때문에 메탄 발생량도 자연히 줄어들게 됩니다. 또한 쓰레기를 태울 때 생기는 이산화탄소 배출량도 줄어들게 됩니다.

넷째, 나무를 많이 심고 가꿉니다. 나무는 이산화탄소를 흡수하고 맑은 산소를 내놓는 아주 유익한 생물입니다. 따라서 북유럽과 같이 산림이 우거진 국가는 온실 기체의 위험에 훨씬 적게 노출되어 있습니다.

우리가 사는 지구는 다양한 동식물과 수많은 사람들이 함께 모여 사는 곳입니다. 이곳을 소중하게 지키는 일이 마땅히 우리가 해야 할 몫이라는 것을 다시 한 번 생각해 보는 시간이 되었으면 합니다.

과학자 소개

온도와 빛의 파장 관계를 밝힌 빈Wilhelm Wien, 1864~1928

빈은 동프로이센 가프켄에서 태어난 독일의 물리학자입니다. 그는 괴팅겐 · 하이델베르크 · 베를린 대학교에서 물리학을 전공하였고, 1899년에는 기센 대학교, 1900년에는 뷔르츠부르크 대학교, 1920년에는 뮌헨 대학교의 물리학 교수로 재직했습니다.

빈의 대표적인 업적이라면 '빈의 법칙'을 들 수 있습니다. 빈의 법칙은 온도와 파장 사이의 관계를 밝힌 법칙입니다. 즉, 빛의 파장이 길어지고 짧아질 때 온도가 어떻게 변하는가를 알려 주는 법칙입니다.

빈의 법칙은 물체의 온도를 측정하는 데 유용하게 이용할 수 있습니다. 몇십 ℃ 정도의 온도는 온도계를 사용해서 어렵지 않게 알 수 있지만, 온도가 수십 ℃를 넘어 수백, 수천 ℃가 되면 온도계로 측정하기가 어렵습니다. 더구나 수만 수십만 ℃에 이르는 온도를 온도계로 재는 것은 불가능합니다. 그런 온도에서 녹지 않고 버틸 수 있는 온도계는 아직까지 없기 때문입니다.

그렇다면 이런 온도는 측정을 할 수 없을까요? 아닙니다. 이때 빈의 법칙을 이용하여 측정할 수 있습니다. 빛에서 나오는 파장을 측정하여 빈의 법칙으로 온도를 구하는 것입니다. 수천 ℃, 수만 ℃에 이르는 별의 온도를 별에 직접 가지 않고도 우리가 알 수 있는 이유입니다. 이러한 업적을 인정받아 빈은 1911년 노벨 물리학상을 수상했습니다.

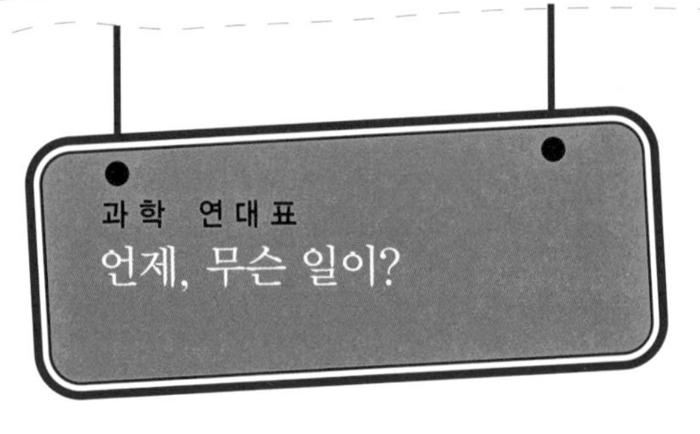
과학 연대표
언제, 무슨 일이?

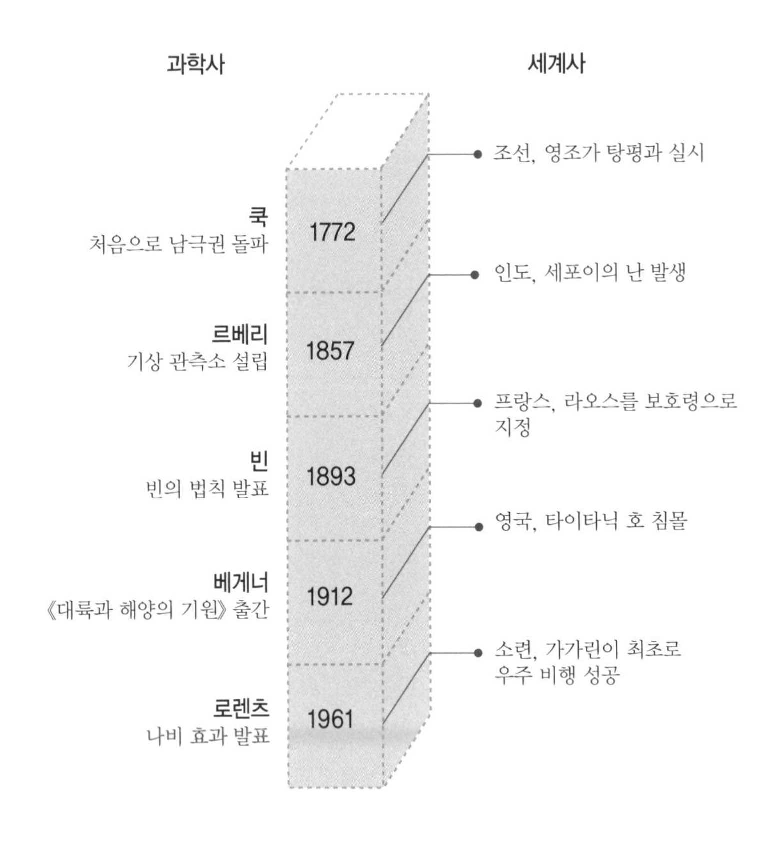
과학사
세계사
조선, 영조가 탕평과 실시
쿡
처음으로 남극권 돌파
1772
인도, 세포이의 난 발생
르베리
기상 관측소 설립
1857
프랑스, 라오스를 보호령으로 지정
빈
빈의 법칙 발표
1893
영국, 타이타닉 호 침몰
베게너
《대륙과 해양의 기원》 출간
1912
소련, 가가린이 최초로 우주 비행 성공
로렌츠
나비 효과 발표
1961

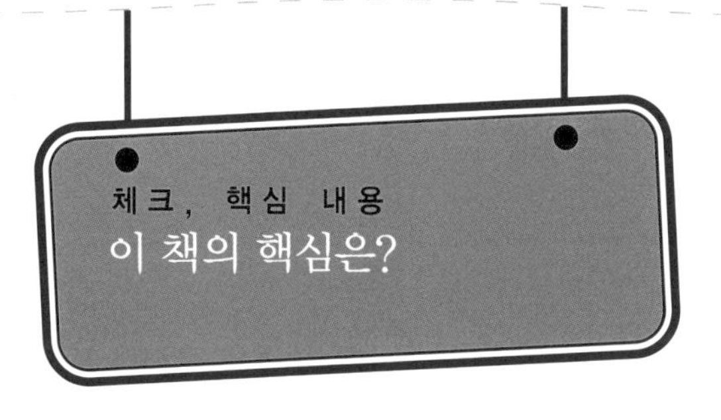

1. 대기권 밖에서 받는 태양 에너지의 열량을 □□ □□라고 합니다.
2. 극지방에서 밤이 되도 해가 지지 않아 대낮처럼 환한 현상은 □□입니다.
3. 지구의 자전축이 기울어져 있어서 북회귀선과 □□□□이 생깁니다.
4. 절기를 나누는 데는 □□□을 사용합니다.
5. 단열된 공기가 100 상승할 때마다 1℃ 남짓 떨어지는 것을 □□ □□ □□이라고 합니다.
6. 공기는 고기압 지대에서 □□□ 지대로 이동합니다.
7. 북반구의 고기압 중심에서 바람이 빠져나가는 방향은 □□ □□입니다.
8. 한반도에 영향을 주는 대표적인 기단은 시베리아 기단, 양쯔 강 기단, 오호츠크 해 기단, □□□□ 기단이 있습니다.

1. 태양 상수 2. 백야 3. 남회귀선 4. 태양력 5. 건조 단열 감률 6. 저기압 7. 시계 방향
8. 북태평양

이슈, 현대 과학

환경 변화와 신종 전염병

현대 의학이 비약적으로 발전했는데도 새로운 전염병이 나타나고, 심지어는 말라리아, 결핵, 콜레라 등 이미 사라졌다고 본 병원균이 세계 각지에서 재출현하고 있습니다. 무병장수의 꿈을 꾸고 있는 시대에 전염병으로부터 자유롭지 못한 아이러니한 상황이 빚어지고 있는 것입니다. 왜 이런 상황이 생긴 걸까요?

전염병의 원인은 여러 가지가 있습니다. 환경 오염과 생태계의 변화도 그중의 하나입니다.

인류는 발전이라는 명목 아래 산림을 훼손하며 건물을 짓고 공장을 증설하고 도시를 만들었습니다. 이것은 환경 오염 물질의 범람으로 이어졌습니다. 필요 이상의 이산화탄소가 지구의 평균 기온을 높이고, 프레온 가스는 오존층을 파괴하여 자외선 차단 기능을 약화시키고 있습니다. 만년설이나 남극과 북극의 빙하가 녹고, 플랑크톤의 개체수가 변하는 현상이 그 좋은 예입니다.

환경의 변화는 생태계를 교란하며 생물체의 변화를 가져옵니다. 생물체는 변화된 환경에 살아남기 위해서 변종을 합니다. 사라졌다고 믿었던 병원균이 새로운 모습으로 다시 등장하는 것입니다. 또한 생태계가 변했으니 새로운 환경에 적응하려는 미지의 생명체가 생겨나는 것은 자연스러운 일입니다. 인류가 환경을 빠르게 변화시키는 속도에 비례해서 전염병이 다가오는 속도도 그만큼 빨라지고 있는 셈입니다. 생태계의 교란은 이렇게 부메랑이 되어서 인류를 궁지에 몰아넣고 있습니다.

새로운 전염병을 야기할 수 있는 요인은 앞으로도 계속 추가되고, 그에 따라서 새로운 전염병은 계속 출현할 것입니다.

하지만 그렇더라도 절망할 필요는 없습니다. 인류의 선조들이 전염병과 싸워서 이겼듯이, 우리도 병원균과의 싸움에서 이기면 됩니다. 부메랑으로 돌아올 시행착오를 다시 범하지 않는 철저한 대비로 우리 인류는 사회와 문명을 지켜 나가야 합니다.

찾아보기

어디에 어떤 내용이?

ㅅ

ㅇ

ㅈ

ㅋ

ㅌ

ㅍ

ㅎ